Volume 6 · 1986 · Number 1

Acta Biotechnologica

Journal of microbial, biochemical and bioanalogous technology

Akademie-Verlag
Berlin

ISSN 0138-4988
Acta Biotechnol., Berlin 6 (1986) 1, 1—106

Instructions to Authors

1. Only original papers that have not been published previously will be accepted.
Manuscripts may be submitted in English, German or Russian (in dublicate). The name of the institute (with the full address) from which the manuscript originates should be stated below the name(s) of the author(s). The authors are responsible for the content of their contributions.

2. Original papers should not consist of more than 20 typewritten pages (two-lined spacing), including references, tables and figures; short original communications may have a maximum of six typewritten pages.

3. Each paper should be preceded by a summary in English and also by an English translation of the title.

4. Latin names of species as well as passages to be printed in italics for greater emphasis should be denoted by a waving line. Please use only units and symbols of the SI-system.

5. Tables may be used to shorten the text or to make understanding easier. They should be numbered consecutively throughout and supplied with a brief heading. They should not appear in the text, but should be written on separate sheets.

6. The numbers and sizes of illustrations should be limited to the essential minimum, they should be numbered consecutively and be supplied on separate sheets.
Line drawings, including graphs and diagrams, should be drawn in black ink. Half-tone illustrations should be supplied as white glossy prints. Figure legends are to be typed in sequence on a separate sheet.
The name(s) of the author(s) should be written on the back of each sheet.

7. References listed at the end of the contribution should contain only works quoted in the text. They should be numbered in the order in which they are first mentioned in the text.
Please give surnames and initials of all authors, the name of the journal abbreviated according to "Chemical Abstracts — List of Periodicals", volume number, year of publication, issue number or month, first page number. Books are to be cited with full title, edition, volume number, page number, place of publication, publisher and year of publication.

8. Notes to the text may be given as footnotes on the same page.

9. 50 printed copies are free of charge.
Additional reprints may be ordered (at full cost).

10. The author will receive two galley proofs for correction. They are to be returned to the managing editor (DDR-7050 Leipzig, Permoserstr. 15, Dr. L. Dimter) as soon as possible.

Acta Biotechnologica

Journal of microbial, biochemical and bioanalogous technology

Edited by the
Institute of Biotechnology of the Academy of Sciences of the G.D.R., Leipzig
and by the
Institute of Technical Microbiology, Berlin
by
M. Ringpfeil, Leipzig and G. Vetterlein, Berlin

Volume 6

1986

Number 1

AKADEMIE-VERLAG · BERLIN

"Acta Biotechnologica" publishes original papers, short communications, reports and reviews from the whole field of biotechnology.
The journal is to promote the establishment of biotechnology as a new and integrated scientific field.
The field of biotechnology covers microbial technology, biochemical technology and the technology of synthesizing and applying bioanalogous reaction systems.
The technological character of the journal is guaranteed by the fact that papers on microbiology, biochemistry, chemistry and physics must clearly have technological relevance.

Terms of subscription for the journal "Acta Biotechnologica"

Orders can be sent

- **in the GDR:** to Postzeitungsvertrieb, or to the Akademie-Verlag Berlin, DDR-1086 Berlin, Leipziger Str. 3—4; PF-Nr. 1233;
- **in the other socialist countries:** to a book-shop for foreign languages literature or to the competent news-distributing agency;
- **in the FRG and Berlin (West):** to a book-shop or to the wholesale distributing agency Kunst und Wissen, Erich Bieber, Wilhelmstr. 4—6, D-7000 Stuttgart 1;
- **in the other Western European countries:** to Kunst und Wissen, Erich Bieber GmbH, General Wille-Str. 4, CH-8002 Zürich;
- **in other countries:** to the international book- and journal-selling trade, to Buchexport, Volkseigener Außenhandelsbetrieb der DDR, DDR-7010 Leipzig, Postfach 160, or to the Akademie-Verlag Berlin, DDR-1086 Berlin, Leipziger Str. 3—4.

Acta Biotechnologica

Herausgeber: Institut für Biotechnologie der AdW,
DDR-7050 Leipzig, Permoserstr. 15
(Direktor: Prof. Dr. Manfred Ringpfeil) und

Institut für Technische Mikrobiologie
DDR-1017 Berlin; Alt-Stralau 62
(Direktor: Dipl. Ing. G. Vetterlein).

Verlag: Akademie-Verlag Berlin, DDR-1086 Berlin, Leipziger Straße 3—4;
Fernruf: 2236201 und 2236229; Telex-Nr.: 114420; Bank: Staatsbank der DDR, Berlin, Konto-Nr.: 6836-26-20712.

Redaktion: Dr. Lothar Dimter (Chefredakteur),
Käthe Geyler (Redakteur),
DDR-7050 Leipzig, Permoserstr. 15; Tel.: 2392255.

Veröffentlicht unter der Lizenznummer 1671 des Presseamtes beim Vorsitzenden des Ministerrates der Deutschen Demokratischen Republik.

Gesamtherstellung: VEB Druckhaus „Maxim Gorki", DDR-7400 Altenburg.

Erscheinungsweise: Die Zeitschrift „Acta Biotechnologica" erscheint jährlich in einem Band mit 4 Heften. Bezugspreis eines Bandes 120,— DM zuzüglich Versandspesen; Preis je Heft 30,— DM. Der gültige Jahresbezugspreis für die DDR ist der Postzeitungsliste zu entnehmen.
Bestellnummer dieses Heftes: 1094/6/1.

AN (EDV) 42133

03000

Acta Biotechnol. 6 (1986) 1, 3–5

II. Symposium DDR – UdSSR „Gentechnik in der Biotechnologie“

SCHÖNHERR, M., GRUNOW, R., VETTERLEIN, G.

Institut für Technische Mikrobiologie
DDR-1017 Berlin, Alt Stralau 62

1983 war die bjelorussische Hauptstadt Minsk Treffpunkt von Wissenschaftlern der UdSSR und der DDR, um im Rahmen einer bilateralen Zusammenarbeit über den Stand und die Perspektiven der Gentechnik und ihrer industriellen Nutzung in beiden Ländern zu berichten. Zugleich war diese Tagung sichtbares Zeichen des Beginns einer intensiveren Zusammenarbeit auf diesem Gebiet.
Zwischen dem 30. 09. und dem 05. 10. 1984 fand im Schloß Reinhardsbrunn/Thüringen das II. Symposium DDR – UdSSR, das sich dem Stand der industriellen Nutzung der Gentechnik in der Biotechnologie widmete, statt. Veranstalter dieser Konferenz waren der VEB Pharmazeutisches Kombinat GERMED und die Biochemische Gesellschaft der DDR. Die wissenschaftliche Leitung wurde von Prof. Dr. S. ROSENTHAL (Zentralinstitut für Molekularbiologie der Akademie der Wissenschaften, Berlin-Buch) und Prof. Dr. OETTEL (VEB Pharmazeutisches Kombinat GERMED Dresden) übernommen.
Am Symposium nahmen 17 Wissenschaftler aus der UdSSR und 64 aus der DDR teil. Von den 37 gehaltenen Vorträgen waren 11 Beiträge von der sowjetischen Delegation und 26 DDR-Vorträge.
Die vorliegende Ausgabe der Zeitschrift veröffentlicht in der gebotenen Kürze die wichtigsten Beiträge der DDR-Wissenschaftler. Die sowjetischen Vorträge werden in der Zeitschrift „Biotechnologia“ veröffentlicht. Die folgende Übersicht unternimmt den Versuch, Schwerpunkte der sowjetischen Beiträge auf dem Symposium schlagwortartig zusammenzufassen. Sie kann nur als prinzipielle Orientierung verstanden werden, der an speziellen Informationen interessierte Leser muß auf die Originalveröffentlichung verwiesen werden.
Das thematische Spektrum des Symposiums reichte von Fragen der Struktur und Expression pro- und eukaryontischer Gene in *E. coli* und *Bacillus subtilis* über die Vorstellung anderer Wirts-Vektor-Systeme bis hin zu neuen Techniken und Trends in der Gentechnik.

1. *E. coli* und *Bacillus*-Systeme

In einem Übersichtsvortrag stellte DEBABOV Faktoren der Expressionsoptimierung in Mikroorganismen vor. Diese umfassen neben der korrekten DNA-Sequenz des gewünschten Gens die Verwendung sogenannter „starker“ Promotoren, geeigneter SD-

Sequenzen, den Schutz des Produkts vor Degradation durch Endo- und Exopeptidasen (insbesondere bei *Bacillus*) und die Stabilisierung der Hyperproduzenten. Es wurden Ergebnisse zum Einfluß der Sekundärstruktur und der Tertiärstruktur der mRNA für den Start der Translation diskutiert. Zur Stabilisierung der Hyperproduzenten konnte gezeigt werden, daß dazu eine Fusion des (promotortragenden) Fremdgens mit einem promotorlosen, hochselektiven Marker (z. B. h-IFN mit str^R) geeignet ist.
STEPANOV ging in seinem Beitrag auf die Verwendbarkeit von Bacillen als Wirtsorganismen in der Gentechnik ein. Er diskutierte die Rolle der unterschiedlichen Sigma-Faktoren der Transkription und die spezifischen Funktionen, die den -50- und -70-Regionen bei der Transkription zufallen könnte. Zur Erhöhung der Translationseffektivität schlug er die Verwendung bacilluseigener SD-Sequenzen vor, obwohl zwischen gramnegativen und -positiven Organismen keine strukturellen Unterschiede in den 3' Endregionen der 16S-RNA bestehen.
In einem zweiten Teil seines Vortrages diskutierte STEPANOV die besonders hohe Stabilität von Plasmid-DNA, die inverted repeats enthält und begründete sie durch deren Vermögen, ohne zusätzliche Syntheseprozesse rasch in einen für DNasen unempfindlichen helicalen Zustand zu gelangen.
Mehrere Vorträge aus dem VNII Genetika beschäftigten sich mit Ergebnissen der Arbeiten an Humaninterferonen.
MASCHKO informierte über Clonierung und Expression des β-hIFN-Gens. Er wies die korrekte Sequenz des Inserts durch Restriktionsanalysen und Hybridisierung mit spezifischen Oligonucleotiden nach. Das IFN wurde als Fusionsprotein exprimiert, wobei eine Variante mit 10 zusätzlichen Aminosäuren biologisch aktiv, eine weitere mit 12 biologisch inaktiv war. Die Expression wurde durch einen induzierbaren Promotor (β-Gal. aus *E. coli*) kontrolliert. Als Ursache einer noch ungenügenden Expression wurde die Sekundärstruktur der nichttranslatierten regulativen Sequenz diskutiert.
Auch STRONGIN schloß aus der Tatsache, daß etwa die Hälfte des synthetisierten IFN intrazellulär vorliege, daß für die Effizienz der Sekretion sowohl die Struktur des Signalpeptids als auch die des Proteins selbst verantwortlich sind. Er unterstrich in seinem Beitrag, daß für ein effektives Verfahren neben einem hochexprimierenden Produktionsstamm auch die Fragen der Isolierung und Reinigung des Produkts von erheblicher Bedeutung sind. Das gilt besonders für die Spezifität und Empfindlichkeit des Nachweises. Im vorgestellten Beispiel kamen monoclonale Antikörper zum Einsatz, die nur mit der biologisch wirksamen Oligomerform des Peptids reagieren.
Ebenfalls am Beispiel des hIFN berichtete SOROKIN über die Konstruktion eines Expressionsvektors für *Bacillus subtilis*. Er besteht aus einem IS 1-Element mit einem (zusätzlichen) Promotor, einem Teil der Alpha-Amylase-Region (einschließlich der SD-Sequenz) aus *Bac. amyloliquefaciens* (Signalpeptid) und dem hIFN-alpha-2-Gen. In einem partiell proteasedefizienten *Bacillus subtilis*-Stamm wurden 5×10^8 U IFN/l synthetisiert, die etwa zur Hälfte sekretiert wurden.
Die Konstruktion eines ts-Expressionsvektors war auch Gegenstand des Vortrags von KRAVTSHENKO. Am Beispiel der β-Galactosidase wurde der Funktionsnachweis des aus dem C 1-Repressorgen (ts) und den P_R- und P_{RM}-Promotoren von Lambda bestehenden Vektors erbracht (keine Expression bei 32 °C, hohe Expression bei permissiver Temperatur).

2. Andere Wirts-Vektor-Systeme

Die Entwicklung neuer Wirts-Vektor-Systeme ist die Voraussetzung für gentechnische Arbeiten mit nicht so gut untersuchten Mikroorganismen wie *E. coli* oder *B. subtilis*. In diesem Zusammenhang sind die folgenden Beiträge zu grundsätzlichen genetischen Problemen dieser Organismen zu sehen.

Cygankov stellte eine für methylotrophe Bakterien bedeutsame Vektorfamilie vor, die aus dem *Pseudomonas*-Plasmid RSF1010, Fragmenten des col E1-Plasmids von *E. coli* sowie der cos-Region von Lambda bestehen. Diese Cosmide replizieren in *Pseudomonas*, anderen methylotrophen Organismen und *E. coli* und tragen neben verschiedenen Antibiotika-Resistenzen auch einen Marker für Quecksilber-Resistenz.
Chinyonova sprach über die Verwendung von *Streptomyces fradii* als Clonierungswirt in Experimenten mit Tylosin-sensitiven Mutanten. Diese Mutanten waren nicht revertierbar. Plasmide konnten nicht nachgewiesen werden. Transformationen mit dem Plasmid pVG2 erbrachten instabile Transformanten mit nur geringer (plasmidcodierter) Viomycin- und Thiostreptonresistenz.
Zur gentechnischen Verwendung von Actinomyceten stellte Lomovskaja Ergebnisse an *S. coelicolor* vor. Sie wies nach, daß Mehrfach-Antibiotikaresistenz von verschiedenen chromosomal lokalisierten Genen determiniert wird. Korrelationen zwischen der Funktion der Resistenzgene und dem Antibiotikaproduktionsvermögen konnten wahrscheinlich gemacht werden.
In einem Beitrag von Fomitchev wurden *Erwinia chrysanthemum*-Mutanten vorgestellt, die Pektinesterase und Pektatlyase in ca. 3fach höherer Effizienz ins Medium sekretierten als die entsprechenden Wildstämme. Für nichtsekretierende Varianten, die das Produkt lediglich im periplasmatischen Raum aufwiesen, machte der Autor auf störende Veränderungen der leader-Sequenzen aufmerksam. Mit der Verwendung von Hefen in der Gentechnik beschäftigte sich der Vortrag von Soidla. Er gab Hinweise zur biologischen Funktion der 2μ-DNA. Dieses Plasmid wies Mutationen für mehrfache Antibiotikaresistenzen auf. Computeranalysen der Sequenz ergaben 2 reading frames, die stark hydrophobe Proteine codieren.
In einer zusammenfassenden Rundtischdiskussion wurden drei Schwerpunkte diskutiert.

1. Die gegenwärtigen Kenntnisse über den komplexen Prozeß der Peptidsekretion bei Mikroorganismen sind noch nicht ausreichend charakterisiert, um zweckentsprechende Eingriffe gezielt vornehmen zu können. Als prinzipielle Möglichkeiten wurden eine Modifikation der Translation, eine Beeinflussung der membrangebundenen Proteinasen und eine Veränderung der intrazellulären proteolytischen Aktivität angesehen, ohne jedoch Empfehlungen abzuleiten, auf welches dieser Gebiete die Bemühungen vorrangig gerichtet werden sollen.
2. Zur Expressionsoptimierung wurden als prinzipielle Möglichkeiten die Genmanipulation, Erhöhung der Stabilität der mRNA und von Genproduktvorstufen sowie Eingriffe in die Regulation der Transkription und der Translation diskutiert, wobei offen blieb, welche der Möglichkeiten besonders aussichtsreich erscheint.
3. Zur Frage des Protein-Engineerings wurde die Erwartung geäußert, daß eine Modifizierung der Primärstruktur beträchtliche Potenzen für einen erweiterten Einsatz von Enzymen zur Stoffwandlung mittels biotechnischer Verfahren freilegen würde.

Zusammenfassend muß der Tagung, die in sehr freundschaftlicher Atmosphäre stattfand, ein hohes wissenschaftliches Niveau bescheinigt werden.
Damit war sie eine würdige Fortsetzung des 1. Symposiums. Die Reihe dieser bilateralen Konferenzen wird mit dem III. Symposium 1985 in der UdSSR fortgesetzt.

Die Anwendung der Gentechnik in der pharmazeutischen Industrie

DAUTH, CH., OETTEL, M., SZOSKA, M.

VEB Pharmazeutisches Kombinat GERMED Dresden
DDR-8122 Radebeul, PF 89/90

Nach internationalen Prognosen beeinflußt die Gentechnik zunehmend die Herstellung konventioneller und neuer pharmazeutischer Erzeugnisse und wird bis zum Jahr 2000 Anteile von bis zu 30% an der Gesamtproduktion erringen.
Die Anwendung der Gentechnik bezieht sich auf die Optimierung bestehender mikrobieller und enzymatischer Verfahren, auf die mikrobielle Synthese nativer und abgewandelter biologisch aktiver Wirkstoffe sowie auf den Umweltschutz mittels biologischer Abbauverfahren.
Im Vordergrund der Optimierung bekannter Verfahren stehen solche zur Biosynthese von Antibiotika aus Actinomyceten und Pilzen, zur Verbesserung der Steroidsynthese und -abwandlung, zur Herstellung von Enzymen und Enzymeffektoren.
Neue pharmazeutische Erzeugnisse werden sich aus der Gruppe der Peptidhormone, Aminosäuren, Blutgerinnungsfaktoren, Lymphokine, Cytokine, Vakzine und Antikörper sowie weiterer körpereigener biologisch aktiver Faktoren rekrutieren.
Hinsichtlich der Originalität kommt der Suche und Klonierung noch nicht entdeckter Faktoren besondere Bedeutung zu.

Expression des Bacillus amyloliquefaciens β-Glucanasegens in verschiedenen Bacillus-Stämmen

BORRISS, R.

Akademie der Wissenschaften der DDR
Zentralinstitut für Genetik und Kulturpflanzenforschung
DDR-4325 Gatersleben, Corrensstraße 3

Bakterielle β-Glucanasen, die spezifisch den hydrolytischen Abbau von β-1,3-1,4-Glucanen bewirken, finden Anwendung in der Brauindustrie. Insbesondere bei der Supplementierung vom Malz durch Gerstenrohfrucht werden auftretende hoch-viskose Gerstenglucane durch den Enzymeinsatz eliminiert. In der DDR wird β-Glucanase durch Fermentation von einem *B. amyloliquefaciens* Stamm industriell hergestellt [1]. Das für die β-Glucanasebildung in diesem Industriestamm verantwortliche Gen wurde kloniert und charakterisiert [2].
Zur Überprüfung der Expression des *B. amyloliquefaciens* β-Glucanasegens in verschiedenen *Bacillus*-Stämmen wurden die rekombinanten Plasmide pBG2 und pBG7 aus dem klonierten *Bacillus* DNA-Fragment und den Vektorplasmiden pBD64 [3] und pDB101 [4] konstruiert [5]. *B. subtilis* RM125, *B. subtilis* QB112 und *B.* sp. ZF178 wurden mit den rekombinanten Plasmiden transformiert [6] und die β-Glucanase-

konzentration im Überstand nach Kultivierung in einem 10%igen Stärkemedium bestimmt (Tab. 1).
Folgende Faktoren beeinflussen die β-Glucanasegenexpression in *Bacillus*:

1. Kopie-Zahl des rekombinanten Plasmids (Gendosis-Effekt)
2. Rezipientenstamm (RM125, QB112, ZF178)

B. amyloliquefaciens produziert 50mal mehr β-Glucanase im Vergleich zu *B. subtilis* 168 (Tab. 1). Unter der Annahme, daß in beiden Fällen eine Genkopie für die Expression des β-Glucanasegens verantwortlich ist, bedeutet das eine erhöhte Transkriptions-(und/oder Translations-)aktivität des *B. amyloliquefaciens*-Gens *bgl*A. Es wäre eine 500fache Erhöhung (10 × 50) der β-Glucanaseproduktion zu erwarten, eine 100fache Steigerung wurde „nur" beobachtet. Ursache könnte eine Suppression des transferierten Gens im neuen Wirt oder eine positive Regulation der β-Glucanasebildung in *B. amyloliquefaciens* durch andere Genprodukte sein.
Den Einfluß des Wirtsstammes auf die Bildung des Genprodukts zeigen die mit dem Stamm QB112 erhaltenen Ergebnisse. QB112 beinhaltet eine pleiotrop wirkende Mutation ($sacU^h$), die sich stimulierend auf verschiedene Exoenzyme auswirkt. *B. subtilis* QB112 produziert nach Transformation mit pBG2 3mal mehr β-Glucanase als RM125 (pBG2); das sind 8mal mehr β-Glucanase als der Donorstamm des klonierten Gens. Allerdings war in Abwesenheit des für pBG2 selektiven Antibiotikums Kanamycin die β-Glucanaseaktivität drastisch reduziert.

Tab. 1. Einfluß rekombinanter Plasmide auf die β-Glucanasebildung verschiedener *Bacillus*-Stämme

	Kopie-Zahl	Plasmid	Stabilität	mg β-Glucanase/l
Donorstamm für *bgl* A				
B. amyloliquefaciens 20/78	1	—	—	50
Rezipientenstämme für *bgl* A				
B. subtilis RM 125	1	—	—	1–2
B. subtilis RM 125	10–15	pBG 2	stabil, wenn Cm, Km im Medium	250
B. subtilis QB 112 ($sacU^h$)	1	—	—	12,5
B. subtilis QB 112 ($sacU^h$)	10–15	pBG 2	stabil, wenn Cm, Km im Medium	400–500
B. subtilis QB 112 ($sacU^h$)	6	pBG 7	stabil ohne Selektionsdruck	100
B. sp. ZF 178	1	—		50
B. sp. ZF 178	6	pBG 7	stabil ohne Selektionsdruck	270

Die Stämme wurden 3 Tage in einem Medium, bestehend aus doppelt-konzentriertem NBY (Nährbouillon-Hefe-Medium, Hersteller VEB Immunpräparate Berlin-Weißensee) und 10% löslicher Stärke unter Schütteln bei 37 °C inkubiert. Die Kopiezahl der Plasmide wurde von S. Brantl nach Fütterung der Zellen mit H^3-Thymidin (20 μC/ml) und Isolierung der Gesamt-DNA durch Messung der Radioaktivität in Plasmid- und chromosomaler DNA bestimmt. Die β-Glucanasekonzentration im Kulturfiltrat wurde aus der spezifischen Aktivität des Kulturfiltrats und einer gereinigten β-Glucanaseprobe (2000 E/mg) kalkuliert.

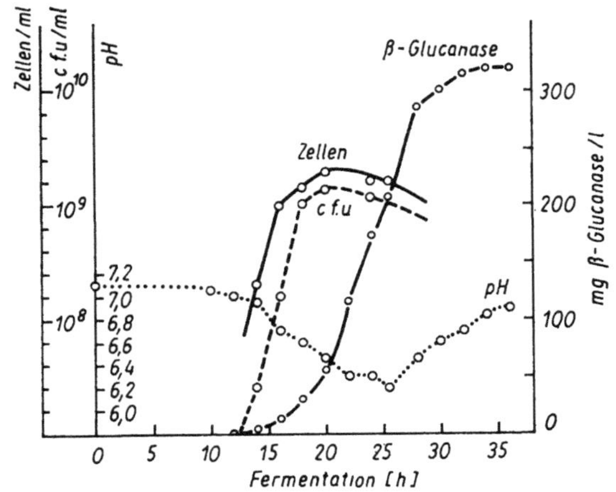

Abb. 1. β-Glucanaseproduktion durch *Bacillus* sp. ZF178 (pBG7) unter industriellen Bedingungen. Die Fermentation wurde in einem getreideschrothaltigen Medium in einem 30 m³-Rührfermentor durchgeführt. Die β-Glucanasekonzentration im Kulturfiltrat wurde aus der spezifischen Aktivität des Kulturfiltrats und einer gereinigten β-Glucanaseprobe (2000 E/mg Protein) kalkuliert. Die Anzahl der Zellen im Fermentor wurde durch direkte Auszählung verdünnter Fermentorproben in einer Zählkammer und durch Ermittlung der koloniebildenden Einheiten nach dem KOCH'schen Plattengußverfahren bestimmt.

Dagegen wiesen Stämme, die mit dem low-copy Plasmid pBG7 transformiert worden waren, keine unterschiedlichen Enzymbildungsraten in An- und Abwesenheit des Antibiotikums auf. Die Stabilität des rekombinanten Plasmids wurde unter nicht-selektiven Bedingungen unter C-Limitation im Chemostaten bestimmt. Auch nach 188 Generationen im Chemostat war keine Segregation des Plasmids zu beobachten (HOFFMEIER, unveröffentlichte Ergebnisse). Zellen von *B. subtilis*, defekt in der Bildung von β-Glucanase, wiesen nach Transformation von Plasmid-DNA aus der Chemostatenkultur β-Glucanaseaktivität auf und waren Em^r.
Um die durch das Plasmid pBG7 exprimierte β-Glucanasebildung weiter zu erhöhen, wurde das rekombinante Plasmid in verschiedene industriell genutzte *Bacillus*-Stämme transformiert. Eine spezifische Erhöhung der durch pBG7 bewirkten β-Glucanaseaktivität wurde nach Transformation des Plasmids in ZF178 erreicht. Dieser Stamm produziert etwa 5mal mehr β-Glucanase als der Gendonorstamm *B. amyloliquefaciens* BE20/78 (Tab. 1) und erwies sich für die β-Glucanaseproduktion unter industriellen Bedingungen als geeignet (Abb. 1). In dem technischen Fermentationsmedium wurden mehr als 300 mg β-Glucanase/l nachgewiesen. Diese Menge entspricht einer spezifischen Sekretion von 3×10^6 Molekülen/Zelle [7].

Literatur

[1] DDR WP 161072 (03. 03. 1981)
[2] BORRISS, R., BÄUMLEIN, H., HOFEMEISTER, J.: Appl. Microbiol. Biotechnol. **22** (1985), 63.
[3] GRYCZAN, T. J., SHIVAKUMAR, A. G., DUBNAU, D.: J. Bacteriol. **141** (1980), 246.
[4] BEHNKE, D., GOLUBKOV, V. I., MALKE, H., BOITSOV, A. S., TOTALIAN, A. A.: FEMS Microbiol. Lett. **6** (1979), 5.
[5] BORRISS, R., HOFEMEISTER, J. — In: Gene manipulation and expression. Hrsg.: R. E. Glass und Spizek, J., Croom Helm, im Druck. (1985).
[6] CHANG, S., COHEN, S. N.: Mol. Gen. Genet. **168** (1979), 111.
[7] BORRISS, R.: Biotechnologia, im Druck.

Molecular Cloning and Identification of cDNA Recombinants of the Prochymosin Gene of the Calf

Liebscher, D.-H.[1], Pöhlmann, Ch.[1], Schwertner, S.[1], Pfeifer, M.[1], Hahn, V.[1], Rapaport, T. A.[1], Rosenthal, S.[1], Wambutt, R.[2], Speter, W.[2], Drescher, M.[2], Lipoldova, M.[3], Zadrazil, S.[3], Smrt, M.[4]

[1] Academy of Sciences of the G.D.R., Central Institute of Molecular Biology DDR-1115 Berlin, Rösslestraße 10
[2] Institute of Technical Microbiology, DDR-1017 Berlin, Alt Stralau 62
[3] Academy of Sciences of the Czechoslovakia, Institute of Molecular Genetics, Prague
[4] Academy of Sciences of the Czechoslovakia, Institute of Organic Chemistry

PolyA$^+$RNA from the fundal region of the fourth calf stomach of selected animals, characterized by a relatively high amount of chymosin in the mucosa, was isolated by the guanidine isocyanate method. The polyA$^+$RNA, enriched by poly(U)sepharose 4 B chromatography and analysed by in vitro translation in a reticulocyte lysate system with ^{35}S methionine, resulted after SDS gel electrophoresis and fluorography in a significant protein band which could be precipitated by using an appropriate antichymosin serum.
The enrichment of the specific mRNA was calculated to a value of 5%. Double-stranded cDNA was prepared from 25 µg polyA$^+$RNA by sequential actions of reverse transcriptase, DNA polymerase-KLENOW fragment, S1 nuclease and terminal transferase. The dC-tailed ds-cDNA has been cloned into the dG-tailed PstI-site of the linearized pBR322. Screening of 1500 recombinants was done by in situ hybridization. Specific recombinants were detected, which represent together the prochymosin sequence.

We would like to thank M. Wolf and S. Kübart (Institute of Technical Microbiology, G.D.R.), W. Kirchhübel and his colleagues (WTÖZ Milchindustrie, Oranienburg, G.D.R.) as well as U. Ziegler and L. Wloch (Institute of Molecular Biology, Academy of Sciences of the G.D.R.) for paticipation in this work.

Eigenschaften von rekombinanten Plasmiden mit alpha-Amylase-Genen aus Bacillus

Steinborn, G.

Akademie der Wissenschaften der DDR
Zentralinstitut für Genetik und Kulturpflanzenforschung
DDR-4325 Gatersleben, Corrensstraße 3

Die Gene für thermophile alpha-Amylase von *Bacillus licheniformis* und für mesophile alpha-Amylase von *B. amyloliquefaciens* wurden nach der „shot gun"-Methode in Plasmid-Vektoren kloniert, wobei *B. subtilis* 168 als Wirtssystem diente. Durch Reklonierung in das Streptococcen-Plasmid pDB101 (Behnke et al., 1979) konnten für beide Amylasen stabile rekombinante Plasmide erzeugt werden. Die Reklonierung des Gens für mesophile alpha-Amylase erfolgte nach einer neuen Variante der „shot gun"-Methode,

die als „Puzzle"-Methode bezeichnet wird: Mittels einer klein schneidenden Restriktase (z. B. Sau 3A) wird die Donor-DNA partiell verdaut und das Vektorplasmid mit statistischer Wahrscheinlichkeit in allen möglichen Spaltstellen linearisiert. Bei anschließender Ligation werden nach Größe und Zusammensetzung unterschiedliche Donor-Fragmente in unterschiedliche Spaltstellen des Vektors inseriert, so daß ein Spektrum verschiedener rekombinanter Plasmide entsteht. So konnte nach der „Puzzle"-Methode durch Insertion in die invertiert repetitive Sequenz von pDB 101 u. a. das rekombinante Plasmid pSB 20 erhalten werden, das eine Duplikation des Gens für mesophile alpha-Amylase aufweist und einen entsprechenden Gen-Dosis-Effekt in der Amylasebildung ausprägt.
Das Niveau der Plasmid-kodierten Amylasebildung wird im wesentlichen durch die Spezifität des klonierten Amylasegens bestimmt und zeigt in unterschiedlichen Bacillus-Wirtsstämmen für mesophile Amylase im Vergleich zur thermophilen Amylase ca. 100fach höhere Werte, wie es auch dem Verhältnis der chromosomal kodierten Amylase bei den Donorstämmen entspricht.

Klonierung von RSV-cDNS (Respiratorisches Syncytial Virus) und erste Charakterisierung der Rekombinanten

PRÖSCH, S.[1], SEIDEL, W.[2], DÖHNER, L.[2], LIEBSCHER, D. H.[3]

[1] Humboldt-Universität Berlin, Institut für Virologie des Bereiches Medizin DDR-1040 Berlin, Schumannstraße 20/21
[2] Ernst-Moritz-Arndt-Universität Greifswald, DDR-2200 Greifswald, Jahnstraße 15
Akademie der Wissenschaften der DDR
[3] Zentralinstitut für Molekularbiologie, Bereich Zelldifferenzierung DDR-1115 Berlin, Robert-Rössle-Straße 10

Summary

Genomic RNA of the Respiratory syntical virus (RS-virus) was used as a template to synthesize calfthymus DNA-primed cDNAs. These cDNAs were subsequently cloned into the *E. coli* plasmid pBR 322 at the PstI-site. By hybridization 6 recombinants with virusspecific cDNAs representing 10% of the whole genome could be isolated.

Das respiratorische Syncytial Virus (RS-Virus) ist das weltweit am häufigsten auftretende etiologische Agenz infektiöser Erkrankungen des unteren Respirationstraktes im Kleinst- und Kleinkindalter [1]. In jährlichen Epidemien, besonders in den Wintermonaten von Dezember bis März, auftretend, werden bis zu 80–90% einer Population erfaßt. Besonders gefährdet sind Kleinstkinder im ersten Lebensjahr, die häufig schwere Infektionen wie Tracheobroncheolytis, Brocheolytis oder Pneumonien aufweisen. Derartige Erkrankungen führen bei Kindern unter 6 Monaten nicht selten zum Tode. Darüber hinaus treten RS-Virus-Erkrankungen mit einer hohen Reinfektionsrate auf, wobei die Schwere der Erkrankung erst mit zunehmendem Alter der Kinder abnimmt [2].

Wir danken Frau Prof. S. ROSENTHAL und Herrn Prof. H. A. ROSENTHAL für die Förderung dieser Untersuchungen.

In Auswertung epidemiologischer Studien wurde festgestellt, daß 50% aller Fälle von schwerem Croup und Broncheolytis sowie ein Viertel aller Pneumoniefälle verhindert werden könnten, wenn eine effektive Vakzine gegen das RS-Virus und die in die gleiche Familie gehörenden, aber weniger bedeutenden Parainfluenzaviren zur Verfügung stände [3].

Aus diesem Grunde wurden bereits Anfang der 60iger Jahre in den USA intensive Bemühungen zur Etablierung einer wirksamen Immunprophylaxe gegen RS-Virus-Infektionen unternommen. Die ersten Ergebnisse nach Einsatz formalin-inaktivierter Viren waren jedoch überraschend und alarmierend [2]. Die geimpften Kinder zeigten keinen oder nur einen unzureichenden Schutz gegenüber nachfolgenden natürlichen Infektionen. Der gebildete Titer virusneutralisierender Antikörper war sehr unterschiedlich, wobei keine Korrelation zwischen der Menge vorhandener Antikörper und dem immunologischen Schutz beobachtet wurde. Nachfolgende natürliche Infektionen verliefen bei den geimpften Kindern häufig viel schwerer als bei nichtgeimpften. Ähnlich negativ verliefen Versuche mit Lebendvakzinen. Die verwendeten Impfstämme erwiesen sich als über- oder unterattenuiert und genetisch instabil.

Eine erfolgreiche Immunprophylaxe auf traditionellem Wege erscheint nach diesen Ergebnissen nicht möglich. Als Ursachen hierfür sind die besondere Struktur des Immunsystems im Kleinstkindalter und eine besondere Molekularbiologie des RS-Virus zu diskutieren.

Eine am meisten Erfolg versprechende Alternativlösung besteht gegenwärtig in der Herstellung einer Vakzine durch Anwendung der rekombinanten DNA Technologie. Konkret heißt das, die Klonierung der Nukleinsäuresequenz, die für das immunogene Oberflächenantigen codiert, und ihre Expression in einem geeigneten pro- bzw. eukaryontischen Zellsystem. Auf Basis der bekannten Nukleinsäure- und Aminosäuresequenz dieses Proteins sowie potentieller Antigendeterminanten könnte darüber hinaus ein immunogenes Peptid chemisch synthetisiert werden. Eine weitere Möglichkeit wäre die Präparation stabiler attenuierter RS-Virus-Stämme durch Verwendung der Methoden der ortsgerichteten und gezielten Mutagenese für zuvor klonierte Gene und ihre nachfolgende Reintegration in das Virus.

Bis vor kurzem war über die Molekularbiologie des RS-Virus noch sehr wenig bekannt. Erst die Klonierungsexperimente von Venkatesan und Mitarbeitern [4] und Collins und Wertz [5] brachten sehr rasch eine Vielzahl neuer Erkenntnisse.

Das Genom des RS-Virus, bestehend aus einem einzelsträngigen negativen RNS-Molekül, bildet die Matrize für mindestens 10 verschiedene messenger RNSs [6], die für 5 Hauptstrukturproteine, das Nukleokapsidprotein, das Phosphoprotein, das Matrixprotein, die Polymerase und ein 24K-Protein, 2 glykosylierte Hüllproteine, das Fusions-(F)-Protein und das G-Protein, sowie drei Nichtstrukturproteine codieren.

Von den beiden Hüllproteinen verfügt nur das F-Protein über protektive Eigenschaften, indem es die Bildung virusneutralisierender Antikörper induziert. Aus diesem Grunde muß das F-Protein gegenwärtig als einziger Kandidat für eine gentechnisch erzeugte Vakzine betrachtet werden [7, 8].

Das Ziel unserer Arbeit bestand zunächst darin, möglichst viele verschiedene Abschnitte des Virusgenoms zu klonieren und zu charakterisieren, um über spezifische Sonden für eine gerichtete Klonierung der Nukleinsäuresequenz des F-Proteins oder anderer Proteine bzw. eine Virusdiagnostik zu verfügen. Als Ausgangsmaterial stand virale RNS zur Verfügung, die aus gereinigtem Virus über die Präparation und Reinigung des Nukleokapsidproteins und anschließende Phenolextraktionen freigesetzt worden war. Die durchschnittliche Größe der RNS betrug 30S. Diese RNS wurde mit Hilfe von AMV-Reverfase und DNase-behandelter Kalbsthymus-DNS (15—20N) als unspezifischen Primer in cDNS umgeschrieben [9]. In dieser Reaktion erwies sich die virale RNS jedoch als äußerst instabil und ließ sich nur mit sehr geringer Effektivität umschreiben. Nach Synthese des Doppelstranges mit Klenow-Fragment und S_1-Nuklease-Behandlung wurde die cDNS über einen neutralen Saccharosegradient fraktioniert. Die maximale Länge der cDNS betrug erwartungsgemäß 500–600 BP, der Hauptanteil war kleiner als 200 BP. Für die weitere Klonierung wurde nur die DNS verwendet, die länger als 200 BP war. Diese wurde nach Schwänzung mit dGTP mit dem im PstI-Ort ebenfalls geschwänzten (dC_n) Vektor pBR322 hybridisiert und in den Sicherheitsstamm *E. coli* x1776 transformiert.

Zur Identifizierung virusspezifischer Rekombinanten wurden etwa 200 Transformanden mit ^{32}P-markierter mRNS aus virusinfizierten HEp-Zellen nach Vorhybridisierung mit einem Überschuß von Gesamt-RNS aus virusfreien HEp-Zellen hybridisiert. Unter diesen Bedingungen zeigten 8 Klone ein auffallend stärkeres Hybridisierungssignal (Abb. 1). Aus diesen Bakterien wurden die Plasmide isoliert und in einer Kontrollreaktion mit ^{32}P-markierter Poly(A)$^+$-RNS aus virusfreien bzw. virusinfizierten Zellen

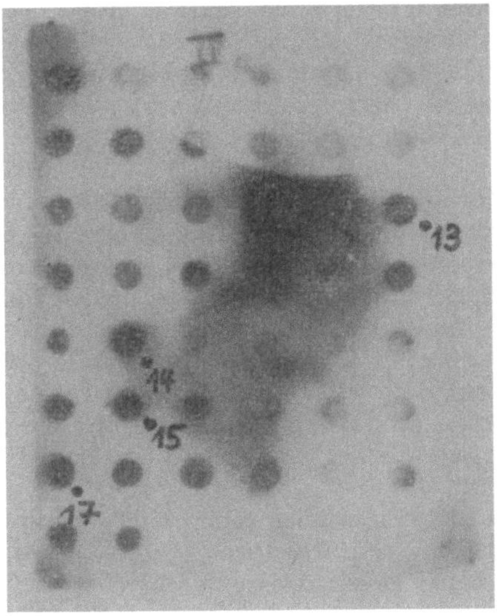

Abb. 1

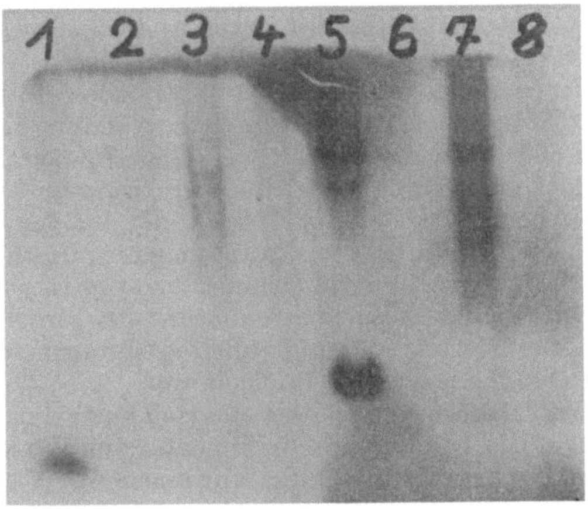

Abb. 2

Abb. 1. Autoradiogramm der in situ Koloniehybridisation mit ^{32}P-markierter Poly (A)$^+$-RNS aus virusinfizierten HEp-Zellen.
Die Hybridisation erfolgte in 50% deionisiertem Formamid und 5 × Denhardt/ 5 × SSPE/ 0,1% SDS über 24 h bei 42 °C nach 5stündiger Vorhybridisation mit Gesamt-RNS aus virusfreien HEp-Zellen (10 µg/ml). Die spezifische Aktivität der RNS-Sonde betrug $1{,}3 \times 10^7$ cpm/µg RNS. Die Filter wurden anschließend mehrfach in 1 × SSC/0,1% SDS bei 37 °C – 56 °C gewaschen, getrocknet und 48 h bei –80 °C exponiert.

Abb. 2. Autoradiogramm nach Southern – Hybridisation der rekombinanten Plasmide mit ^{32}P – markierter Poly(A)$^+$-RNS aus HEp-Zellen
Nach Spaltung mit Pst I – Restriktionsenzym wurden die Plasmide in einem 1%igen Agarosegel in 40 mM Tris-Acetat/10 mM EDTA, pH 8,0 bei 100 V aufgetrennt und auf Nitrozellulosepapier transferiert. Die Hybridisation erfolgte in 50% deionisiertem Formamid und 5 × Denhardt/5 × SSPE/0,1% SDS bei 42 °C über 36 h. Die spezifische Aktivität der Sonde betrug 2×10^6 cpm/µg RNS. Die weitere Behandlung der Filter erfolgte wie unter Abb. 1 beschrieben.

1 pRSV III	4 pRSV 15	7 pRSV 12
2 pRSV 35	5 pRSV 14	8 pRSV 5
3 pRSV 17	6 pRSV 13	

hybridisiert. Während alle Plasmide mit der RNS aus virusinfizierten Zellen hybridisierten (nicht gezeigt), hybridisierten 2 Plasmide auch mit der RNS aus virusfreien Zellen (Abb. 2) und enthalten somit keine virusspezifische cDNS. Die cDNS-Inserte der 6 virusspezifischen Rekombinanten (Tab. 1) enthalten maximal 1500 Nukleotide und repräsentieren damit etwa 10% des Gesamtgenoms.
Gegenwärtig sind wir bemüht, diese Sequenzen bestimmten Proteinen zuzuordnen. Neben der in vitro Translation von mRNS, die mit Hilfe der rekombinanten Plasmide isoliert wurde, wird versucht, virale mRNS elektrophoretisch zu trennen und mit der cDNS zu hybridisieren. Darüberhinaus wurde begonnen, die cDNS-Inserte mit Hilfe von Restriktions-(Tab. 1) und Sequenzanalysen zu charakterisieren und mit den bekannten Sequenzen für das Nukleokapsid- [11] und das Matrixprotein [12] zu vergleichen. Bereits vorliegende Sequenzen lassen bisher keine Ähnlichkeit zu den bekannten erkennen.

Tab. 1. Charakterisierung der cDNS-Inserte der pRSV-Plasmide.
Die Länge der Inserte wurde nach PstI-Spaltung und elektrophoretischer Trennung im 4%igen Polyacrylamid-Gel in 89 mM Tris-Borat/2 mM EDTA im Vergleich mit marker-DNS bestimmt.
Die Plasmide pRSV 5 und pRSV 15 wurden mit 15 verschiedenen Restriktionsenzymen getestet.

Rekombinante	Insertlänge	unikale Restriktionsorte
pRSV 5	250 BP	SmaI, SacI, Eco RII
pRSV 13	320 BP	
pRSV 15	530 BP	Bam H1, KpnI
pRSV 17	300 BP	
pRSV 35	280 BP	
pRSV III	200 BP	

Literatur

[1] Chanock, R. M., Kim, H. W., Brandt, C. D., Parrott, R. H. – In: Viral Infectious of Humans. Epidemiology and Control. Ed.: Evans, A. S. (Plenum, New York), 1982. 471–489.
[2] Tyeryar, F. J.: J. Infect. Dis. **148** (1983), 588.
[3] Tyeryar, F. J. Jr., Richardson, L. S., Belshe, R. B.: J. Infect. Dis. **137** (1978), 835.
[4] Venkatesan, S., Elango, N., Chanock, R. M.: Proc. Natl. Akad. Sci. USA **80** (1983), 1280.
[5] Collins, P. L., Wertz, G. W.: Proc. Natl. Acad. Sci. USA **80** (1983), 3208.
[6] Collins, P. L., Huang, Y. T., Wertz, G. W.: J. Virol. **49** (1984), 572.
[7] Fernie, B. F., Cote, P. J. J., Gerin, J. L.: Proc. Soc. Exp. Biol. Med. **171** (1982), 266.
[8] Walsh, E. E., Schlesinger, J. J., Brandriss, M. W.: J. Gen. Virol. **65** (1984), 761.
[9] Maniatis, T., Fritsch, E., Sambrock, J. – In: Molecular cloning. New York: Cold Spring Habor, 1982.
[10] Elango, N., Venkatesan, S.: Nucl. Acid Res. **17** (1983), 5941.
[11] Satake, M., Venkatesan, S.: J. Virol. **50** (1984), 92.

Einsatz des spi-Selektionsvektors λ 2558 für die Klonierung von DNA des bovinen Leukämievirus (BLV)

JANTSCHAK, J.[1], NYAKATURA, G.[1], NÖTZEL, U.[2], PRÖSCH, S.[1], ROSENTHAL, S.[2], ROSENTHAL, H. A.[1]

[1] Humboldt-Universität Berlin, Institut für Virologie
DDR-1040 Berlin, Schumannstraße 20/21
[2] Akademie der Wissenschaften der DDR, Zentralinstitut für Molekularbiologie
DDR-1115 Berlin, Robert-Rössle-Straße 10

Das bovine Leukämievirus (BLV) ist ein exogenes Retrovirus, das beim Rind die enzootische Rinderleukose hervorruft. Die Krankheit verursacht in vielen Ländern und auch in der DDR beträchtliche Schäden. Die molekulare Klonierung des BLV ist die Voraussetzung für genauere Kenntnisse über Genetik und Molekularbiologie, aber auch für eine Expression von BLV-Proteinen in Pro- und Eukaryonten und damit einer in der Zukunft ökonomischen Antigenproduktion, auch für eine eventuelle Impfprophylaxe.
Das Ausgangsmaterial für unsere Klonierung war die DNA einer fötalen Schafsnierenzellinie (FLK), die permanent BLV produziert. Je haploidem Genom dieser Zellen sind 3 Proviren integriert. Nach Spaltung der DNA mit der Restriktionsendonuklease Eco RI entstehen 3 große Fragmente mit einer Länge von 9,3, 10,8 und 12,8 kb, die alle ca. 8.3 Kb des BLV (ca. 90% des Provirus) enthalten. Am 3'-Ende werden sie von einer kurzen, 1,0, 2,5 oder 4,5 kb langen zellulären Sequenz flankiert. Diese Fragmente wurden elektrophoretisch angereichert und in den von KARN und BRENNER konstruierten spi-Selektionsvektor λ 2558 eingebaut.
Nach dem „in vitro-packaging“ wurden die Vektorphagen auf dem P2-lysogenen Selektionswirt *E. coli* Q 359 ausplattiert. Das Screening der 500000 Rekombinanten erfolgte mit einer Filterhybridisationstechnik unter Verwendung von ^{32}P-markierter BLV-cDNA. Es wurden 15 stark hybridisierende Klone isoliert.

Nachweis phytopathogener Viren mit Hilfe der RNA-RNA-Hybridisierung auf Filtern

LEISER, R.-M., SCHUBERT, J., BARCHEND, G.

Akademie der Landwirtschaftswissenschaften der DDR
Institut für Phytopatologie Aschersleben
DDR-4320 Aschersleben, Theodor-Roemer-Weg 1–4

Seit einigen Jahren ist zu beobachten, daß sich Diagnoseverfahren auf der Basis molekularer Hybridisierungen mehr und mehr durchzusetzen beginnen. Dies gilt insbesondere auch für die Phytopathologie und speziell Phytovirologie.
Neben unseren Bemühungen, Rekombinanten-cDNA zum Nachweis bestimmter phytopathogener Viren und Viroide als Sonden zu entwickeln und einzusetzen, gelang es uns auch, über sehr einfache Verfahren schnelle und empfindliche Techniken zum Nachweis von RNA-Viren anzuwenden, deren Prinzip in der RNA-RNA-Hybridisierung besteht.

Über zwei dieser Beispiele soll hier berichtet werden. Dies betrifft zum einen die Satelliten-RNA des Gurkenmosaik-Virus (*cucumber mosaic* virus), die als CARNA 5 bezeichnet wird (*cucumber mosaic* virus associated RNA 5), und zum anderen die Gruppe der sogenannten cryptic viruses. In beiden Fällen haben wir es mit doppelsträngiger RNA zu tun, die nach Isolierung, Reinigung und radioaktiver Markierung unmittelbar als Sonde verwendet werden kann.

Im Falle der Satelliten-RNA des Gurkenmosaikvirus (CARNA 5) wissen wir, daß diese in sehr vielen Virusisolaten in Spuren vorhanden ist, solange das Virus sich auf bestimmten Wirten vermehrt. Wird das Virus experimentell jedoch auf andere Pflanzenarten übertragen, kann es zu einer sprunghaften Vermehrung der CARNA 5 kommen. Hierbei scheint die Satelliten-RNA sehr erfolgreich mit dem Helfer-Virus zu konkurrieren. Es kommt zu starker Akkumulation replikativer Intermediate der CARNA 5 und zu weitestgehender Unterdrückung der Virusreplikation [1], was mit veränderter Symptomausbildung einhergeht.

Somit scheinen wir mit diesem Modell ein Objekt zur Untersuchung der Wechselwirkung von Virus- und Wirtsgenom und die dadurch bedingte Regulation der Krankheitsexpression in die Hand zu bekommen. Zweifellos sind für derartige Untersuchungen hochempfindliche und spezifische Nachweisverfahren nötig, mit denen man zwischen Virus- und Virussatelliten-RNA unterscheiden kann.

Die cryptic viruses stellen eine sehr eigentümliche Gruppe von Viren dar. Sie verursachen auf ihren Wirtspflanzen in der Regel keine Symptome, sind nicht mechanisch auf andere Pflanzen zu übertragen und scheinen auch keine tierischen oder pflanzlichen Vektoren für ihre Verbreitung zu besitzen. Trotz der erwähnten Symptomfreiheit cryptic-virus-infizierter Pflanzen gibt es erste Hinweise über eine mögliche wirtschaftliche Bedeutung dieser Viren, da sie in Mischinfektionen zu synergistischen Effekten führen können [2, 3]. Alle Untersuchungen zur Verbreitung, Ausbreitung und wirtschaftlichen Bedeutung dieser Viren treffen jedoch auf die Schwierigkeit, daß es bis heute unmöglich oder außerordentlich arbeitsaufwendig ist, mit Sicherheit cryptic virus-freies Pflanzenmaterial zu Kontrollzwecken aufzufinden. Der von uns vorgestellte Test könnte hierfür neue Möglichkeiten eröffnen.

Die Hybridisierungssonden wurden in folgender Weise gewonnen: Für die Isolierung der replikativen Form der CARNA 5 wurde infiziertes Blattmaterial unter Zusatz von flüssigem Stickstoff zerrieben und nach Auftauen mit einem Puffer-Phenol-Gemisch homogenisiert. Nach wiederholter Zentrifugation und Reextraktion mit Phenol wurde die Gesamtnukleinsäure mit Ethanol präzipitiert, resuspendiert und durch Lithiumchloridfällung fraktioniert. Nach erneuter Ethanolpräzipitation der salzlöslichen Fraktion wurden RNA und DNA durch Verdauung mit RNase und DNase abgebaut und die doppelsträngige RNA durch Phenolextraktion und Ethanolpräzipitation gereinigt.

Die in den erhaltenen Präparaten in Spuren anwesenden Replikativformen des Gurkenmosaikvirus können vernachlässigt werden. Sie führen bei Verwendung der Sonde zu keinem deutlichen Hybridisierungssignal, was in Northern-blot-Versuchen gezeigt werden konnte. Für die Gewinnung von Sonden zum Nachweis des beet cryptic virus wurde die doppelsträngige Virionen-RNA aus gereinigten Viruspartikeln isoliert. Aus Rübenpflanzen wurde durch Homogenisation in Phosphatpuffer mit Thioglykolsäure und EDTA ein Extrakt gewonnen, der durch Verdauung mit dem Kulturfiltrat aus *Penicillium citreo viride* weiter aufgeschlossen wurde. Durch fraktionierte Zentrifugation und Dichtegradientenzentrifugation konnte aus diesem Extrakt das Virus gewonnen werden, das mit Phenol-Chloroform-Gemisch gespaltet wurde. Die RNA konnte durch wiederholte Ethanolpräzipitation gereinigt und in einigen Fällen mit DNase und RNase von Fremdkontamination befreit werden.

Die Markierung der gewonnenen RNA-Sonden erfolgte auf übliche Weise unter Verwendung von Polynukleotidkinase aus T4-induzierten *E. coli*-Zellen und Gamma-^{32}P-ATP.

Die Blattsaftproben wurden durch fraktionierte $CaCl_2$-Fällung oder Phenolextraktion behandelt. Dies erwies sich als wesentlich für das Erreichen einer entsprechenden Nachweisempfindlichkeit. Eine Konzentrierung der Proben war in der Regel nicht erforderlich. Die Proben wurden an Nitrocellulosemembranen gebunden und nach üblichem Anbacken und Vorhybridisieren im SSC-System mit der radioaktiven Probe hybridisiert. Die auf der Basis der molekularen Hybridisierung gewonnenen Testergebnisse korrelierten sehr gut mit Resultaten anderer Diagnoseverfahren (biologischer Test, Elektronenmikroskopie). Mit Hilfe der RNA-RNA-Hybridisierung konnten wir inzwischen Isolate des Virus-Satelliten-Komplexes auffinden, die in unterschiedlichem Maße die Satelliten-RNA mitführen und durch die Vermehrung der CARNA 5 mehr oder weniger stark gehemmt werden. Hierbei ergab sich für jedes der Isolate eine gute Korrelation zwischen der Konzentration der CARNA und der Symptomausprägung.
Der herausragende Vorteil der Diagnose mittels molekularer Hybridisierungssonden besteht in der Einfachheit, Empfindlichkeit und Schnelligkeit des Tests, wodurch es möglich wird, eine große Zahl von Proben in kürzester Zeit und geringem Arbeitsaufwand zu untersuchen.

Literatur

[1] Kaper, J. M.: Biochem. Biophys. Res. Commun. **105** (1982), 1014.
[2] Luisoni, E., Milne, R. G.; Proc. 3rd Conf. Virus Dis. Gramineae in Europe. Rothamsted Exp. Stat., Harpenden, Herts., U. K., 1980, 73.
[3] Rabenstein, F., Stanarius, A.: Arch. Phytopathol. u. Pflanzenschutz **18** (1982), 183.

Gewinnung von cDNA-Klonen zweier RNA-Tumorviren des bovinen Leukämievirus (BLV) und des endogenen Katzenvirus RD 114 aus einer FLK-Zellinie

Rosenthal, S.[1], Drescher, B.[1], Möhring, R.[1], Nyakatura, G.[2], Liebscher, D.-H.[1]

[1] Akademie der Wissenschaften der DDR, Zentralinstitut für Molekularbiologie
DDR-1115 Berlin, Rösslestr. 10
[2] Humboldt-Universität Berlin, Institut für Virologie
DDR-1040 Berlin, Schumannstraße 20/21

Das bovine Leukämievirus (BLV) wird allgemein als das ursächliche Agens der enzootischen Rinderleukose (eRL) angesehen. Das Virus wird horizontal übertragen. Es ist möglich, die Krankheit auf Schafe durch infizierte Lymphozyten eines Rindes mit eRL zu übertragen.
Das Virus wird in fötale Lammnierenzellen (FLK) propagiert. Die zelluläre DNA enthält drei bis vier BLV-Provirusgenome. Auch das Virus selbst ist infektiös. BLV bildet zusammen mit HTLV eine spezifische Gruppe von C-Typ Retroviren.
FLK-BLV bildet das biologische Ausgangsmaterial für Grundlagenstudien und Antigenproduktion, insbesondere zur Frühdiagnose und für Immunisierungsversuche.
Für spezifische diagnostische Zwecke kann BLV über seine Fähigkeit, Synzytien mit einer entsprechend empfänglichen Zellinie CC-48 zu bilden, erkannt werden. Wir synthetisierten Doppelstrang-cDNA an viraler 70 S RNA aus FLK als Matrize unter Einsatz von AMV-reverser Transkriptase und Klenow-Fragment der *E. coli*-DNA-Polymerase I.

Mit Hilfe der dG-dC-Konnektor-Methode wurde die Doppelstrang-DNA in den PstI-Ort des Plasmids pBR 322 eingebaut und in *E. coli* X 1776 vermehrt.
Aus 305 transformierten Klonen isolierten wir 13 stark hybridisierende Ap^S-Rekombinanten, die virale cDNA-Inserte von 0.3 bis 1.3 Kb Länge enthielten. Diese wurden durch Restriktionsanalyse mit dem viralen BLV-Genom verglichen und bildeten zwei Gruppen:

- Zwei Rekombinanten enthielten BLV-cDNA-Abschnitte von insgesamt 1,4 Kb Länge, die das 3'-Ende, die 3'-LTR-Region und den LOR (long open reading frame) des pX-Abschnittes repräsentieren. Nach Reklonierung der Inserte in pUC- und M 13-Vektoren wurden diese Rekombinanten eindeutig durch Restriktionsanalyse, DNA-Sequenz-Bestimmung und Hybridisierungsstudien mit BLV-Provirus-DNA aus FLK und lymphatischen Tumoren von eRL-Rindern identifiziert.
- Die zweite Gruppe von Rekombinanten mit viralem Insert von insgesamt 1,6 Kb Länge hybridisierten nicht mit den spezifischen BLV-Provirus-Proben. Durch Sequenzanalyse fanden wir einen offenen Leserahmen, 3'-flankiert durch eine nichtkodierende Sequenz, die eine LTR sein kann, jedoch nicht der BLV-3'-LTR entspricht. Die Sequenzdaten wurden für einen Computer-Vergleich mit Mo-MLV-Sequenzen benutzt. Es ergab sich eine Verwandtschaft mit der p 15(E)-Region des murinen Leukämievirus.

Das potentielle Hüllprotein eines Retrovirus mit ungefähr 187 Aminosäuren ist von ausgesprochener Hydrophobizität und besitzt einen potentiellen Glykosylierungsort, der sich von dem des Mo-MLV-p15(E) unterscheidet. Es lassen sich vier charakteristische Peptidabschnitte ableiten: (1) Der N-Terminus ist stark hydrophob, besitzt jedoch geringe Homologie (bp, Aminosäuren). (2) Im mittleren Abschnitt der Kodierungsregion existiert eine stark konservative Region von 48 bp (69% Homologie), die für einen hydrophilen Abschnitt von 16 Aminosäuren (94% Homologie) kodiert. 9 Aminosäuren sind ebenfalls homolog mit ATLV/HTLV I. (3) Im C-terminalen Teil gibt es eine lange hydrophobe Ankersequenz (Homologie 57% bp und 70% Aminosäuren). (4) Der C-Terminus wird durch einen hydrophilen Abschnitt von 33 Aminosäuren aufgebaut. Diese Region ist nicht gut konserviert.
Neben BLV-Sequenzen erhielten wir eine retrovirale Hüllsequenz, die für ein p 15-analoges Transmembranprotein kodieren könnte. In weiteren Untersuchungen erwiesen sich die Sequenzen dieser viralen Nukleinsäure, die aus FLK-Zellen isoliert wurde, als eine Sequenz des endogenen Katzenvirus RD 114, mit der die FLK-Zellinie, die aus dem Labor von Van der Maaten und Miller stammte, verunreinigt war.

Gewinnung und Einsatz monoklonaler Antikörper gegen Human-Interferon-alpha

NOLL, F.

Akademie der Wissenschaften der DDR, Zentralinstitut für Molekularbiologie
DDR - 1115 Berlin, Robert-Rössle-Straße 10

Die Verfügbarkeit von monoklonalen Antikörpern (mAK) gegen HuIFN-alpha ist von großer Bedeutung

1. für die Herstellung von Immunsorbentien zur Hochreinigung von Leukozyten-Interferon (natürlicher Herkunft) bzw. Rekombinanten-IFN (gentechnischer Herkunft) durch Immunaffinitätschromatographie

2. für die Entwicklung von Testkits zur schnellen und quantitativen Bestimmung von HuIFN-alpha, um die aufwendigen biologischen Tests ablösen zu können: (a) bei der Fermentationskontrolle im Verlauf der IFN-Produktion, (b) der Kontrolle des Therapieverlaufs nach IFN-Behandlung und (c) der Diagnostik bestimmter Viruserkrankungen.

Die Gewinnung solcher mAK erfolgte mit Hilfe der Lymphozyten-Hybridomtechnik. Dabei wurden Milzzellen von Balb/c-Mäusen, die mit NK-2-Sepharose gereinigtem HuIFN-alpha immunisiert wurden, mit Myelomzellen in Gegenwart von Polyäthylenglykol fusioniert. Die entstandenen Hybridomklone wurden nach Anzucht in einem Selektionsmedium mit Hilfe eines speziell hierfür entwickelten Immundot-Assay auf Produktion von Anti-HuIFN-alpha-Antikörpern untersucht. Nach Reklonierung der positiven Klone und Kontrolle der AK-Produktion mit einem weiteren neu entwickelten biologischen Testsystem, dem Festphasen-Bioassay, wurden 2 Klone erhalten, die den mAK ZIM-IIB2 und den mAK ZIM IIG11 sezernieren.
Die Charakterisierung dieser Antikörper hat begonnen (Tab. 1).
Obwohl die IFN-Molekültypen (Tab. 1) (charakterisiert durch ihre Molmassen, die mittels SDS-Polyakrylamidgelelektrophorese bestimmt werden) angegeben werden können, welche durch die mAK ZIM-IIB2 und ZIM-IIG11 gebunden werden, bleibt die Korrelation zu den gentechnisch herstellbaren Rekombinanten-Interferonen noch aufzuklären. Die bisher bestimmten Antikörper-Eigenschaften lassen vermuten, daß der Einsatz der mAK ZIM-IIB2 und ZIM-IIG11 für die biotechnologische Herstellung von menschlichem Interferon-alpha von großer Bedeutung sein wird. Die Hochreinigung und die Aufkonzentrierung von gentechnisch produzierten Interferon-alpha ließe sich mit diesen beiden mAK auf dem Wege der Immunaffinitätschromatographie erreichen. Erste Versuche (Tab. 1) mit natürlichem Interferon-alpha verliefen erfolgreich.
Darüber hinaus ist die quantitative Bestimmung von humanem Interferon-alpha mit den beiden mAK mittels immunchemischer Tests (IRMA und ELISA) möglich. Damit kann der Zeitaufwand für eine IFN-Bestimmung auf weniger als 30% gesenkt werden. Die bisher erforderliche teure Zellzucht für die biologische IFN-Bestimmung kann durch Einsatz der mAK ganz wesentlich eingeschränkt werden.

Tab. 1. Eigenschaften der Antikörper

Eigenschaft	ZIM-IIB 2	ZIM-IIG 11
Immunglobulin-Isotyp	IgG 1	IgG 1
Wachstum in vitro	+	+
Wachstum in vivo (Ascites)	+	+
Epitop	antigene Determinante 1	antigene Determinante 2
Erkennung von Interferon-Subtypen	21000 KD 25000 KD 27000 KD	19000 KD (27000 KD)
Affinitätskonstante	$> 10^8$ l/Mol	$< 10^8$ l/Mol
Eignung für immunchemische Bestimmungsverfahren für IFN-alpha	+	+
Eignung für Immunaffinitätschromatographie	+	+
Neutralisationsaktivität	?	?

Monoklonale Antikörper — gegenwärtige Nutzung und Perspektiven

NOLL, F.

Akademie der Wissenschaften der DDR, Zentralinstitut für Molekularbiologie
DDR-1115 Berlin, Robert-Rössle-Straße 10

Die Methode zur Gewinnung von monoklonalen Antikörpern (mAK) aus somatischen Hybridzellen wurde 1975 von KÖHLER und MILSTEIN erstmals beschrieben. Die Lymphozyten-Hybridomtechnik ist seitdem auf einen Stand gebracht worden, daß monospezifische AK in kg-Mengen produzierbar sind.
Die Entwicklung dieser Methode revolutionierte nicht nur die Immunologie sondern auch die gesamte Biochemie bis hin zur Biotechnologie.
Die Vorteile der Gewinnung und des Einsatzes von mAK gegenüber konventioneller Antiseren (poly-klonale AK) überwiegen bei weitem die wenigen Nachteile.
Die gegenwärtige Nutzung mAK betrifft weltweit mehrere 10000 verschiedene AK, deren Eigenschaften in einer Datenbank gespeichert wurden. Ein noch nicht geklärtes Problem bei der Nutzung mAK ist die patentrechtliche Seite. Entsprechende Strategien sind in der Bearbeitung.

Tab. 1. Vorteile von mAK gegenüber konventionellen Serum-Antikörpern.

1. Sie sind monospezifisch.
2. Die Wechselwirkung mit dem Antigen ist eine homogene.
3. Sie sind produzierbar mit definierten Eigenschaften,
   so z. B.: — für Immunaffinitätschromatographie mit niedriger Affinität
   — für die Stabilität in bestimmten Medien.
4. Hybridome produzieren einheitliche Antikörper in reproduzierbarer Weise.
5. Die Präparationen von mAK sind standardisiert.
6. Monoklonale Antikörper lassen sich im allgemeinen in größeren Mengen herstellen als Antikörper auf konventionellem Wege.

Tab. 2. Nachteile für die Herstellung und den Einsatz mAK gegenüber von konventionellen Serum-Antikörpern.

1. Es wird zunächst eine relativ teure Gewebekultur gebraucht.
2. Die Herstellung der mAK gelingt in üblicher Weise nur mit Tierspezies, von denen Myelomzellinien existieren bzw. erzeugbar sind.
3. Monoklonale Antikörper führen meist nicht zur Präzipitation des Antigens.
4. Die Affinität zum Antigen ist meist niedriger als bei konventionellen Antikörpern (läßt sich aber durch Verwendung von Cocktails aus mehreren mAK gegen das gleiche Antigen umgehen).
5. mAK sind manchmal empfindlicher gegen Proteasen (z. B. Ascites-Flüssigkeit).

Monoklonale Antikörper werden vorzugsweise (1) für diagnostische Zwecke in Medizin und Wissenschaft eingesetzt. Hier gibt es inzwischen eine Vielzahl von Antigenen, die mit Hilfe von entwickelten Testkits unter Verwendung mAK bestimmbar sind. Für die Entwicklung und den Vertrieb solcher Testkits sind sogar neue Firmen entstanden. Mit der Einführung der mAK kam es auch zur Entwicklung der Immuntechnik (spezielle Geräteentwicklungen). Weiterhin finden mAK Einsatz für (2) die Immunaffinitätschromatographie zur Hochreinigung von Antigenen (z. B. Interferon). Schließlich wird auch (3) der Einsatz für therapeutische Zwecke in Aussicht genommen.
Die Perspektiven für die Nutzung mAK ergeben sich aus den bereits genannten Einsatzgebieten. Methodischen Verbesserungen, z. B. für die Massenproduktion in Fermen-

toren, die Etablierung von Myelomzellinien anderer Spezies, wie Rind und Mensch (bisher werden fast ausschließlich Maus-Myelomzellinien verwendet), sowie die Entwicklung besserer Träger und Kopplungsmethoden zur Herstellung von Immunsorbentien sind zu erwähnen. Die Palette von mAK gegen diagnostisch wichtige Antigene in Medizin, Veterinärmedizin und im Pflanzenbau wird sich wesentlich erweitern. Dabei ist eine Koordinierung der Aktivitäten in der DDR, d. h. welche Institute etablieren welche Hybridomklone, dringend in Aussicht zu nehmen.
Möglicherweise lassen sich mAK nach Kopplung mit entsprechenden Markern auch für eine in vivo-Diagnostik (Tu-Diagnostik, Herz-Kreislauf-System) einsetzen.
Die denkbare therapeutische Anwendung in Form von Immunotoxinen ist bereits in Bearbeitung. Hierbei handelt es sich z. B. um die Kopplung von wachstumshemmenden Substanzen an tumor-spezifische mAK. So beladene Antikörper „tragen" dann das Chemotherapeutikum (z. B. toxische Lektine oder möglicherweise Interferon) gezielt zu dem im Wachstum zu hemmenden Krebsgewebe.

Kopiezahlmutanten von Streptomyces-Plasmid pMG 200

Krügel, H., Fiedler, G.

Akademie der Wissenschaften der DDR
Zentralinstitut für Mikrobiologie und experimentelle Therapie
DDR-6900 Jena, Beutenbergstraße 11

Rautenstein et al. [1] beobachteten Phagen-ähnliche Strukturen in Stämmen der Art *Streptomyces chrysomallus*, die Lysestrukturen im Sporenrasen bildeten (Lakunae, Pocks). Phagen-ähnliche Partikel unterschiedlicher Morphologie sind für verschiedene Gram-positive Mikroorganismen bekannt.
Für Streptomyceten wurden ähnliche Strukturen von Ogata et al. [2] und Suenaga et al. [3] beschrieben. Weitere Untersuchungen erbrachten den Nachweis von Plasmiden in Stämmen, die „Pocks" bilden. Hier ist die Lyseerscheinung mit der Transferfunktion des Plasmides korreliert [4—7]. Wir erbrachten den Nachweis von Plasmid pMG200 in Stamm *S. chrysomallus* 2 [8].
Bei dem Versuch, Plasmid-freie Klone von *S. chrysomallus* 2 zu isolieren, folgten wir der von Kieser et al. [6] angegebenen Prozedur. Von unabhängigen Einzelkolonien wurden kleine Quadrate auf Platten ausgestrichen und der ursprüngliche, Plasmid-haltige Stamm darauf geimpft. Auf diese Weise konnten keine Hemmzonen (Lethalzygosis, Pocks, Lakunae) gefunden werden. Wenn aus schwachen, nadelspitzengroßen Zonen aus dem Sporenrasen von *S. chrysomallus* Material isoliert wurde und als Einzelkolonien zur Versporung gebracht wurde, diese Sporen auf eine mit dem Ausgangsstamm beimpfte Platte überstempelt wurden, entstanden deutliche Hemmzonen (Abb. 1). Sowohl aus dem Indikatorstamm als auch den „Pock"-Bildern konnte Plasmid-DNS isoliert werden. Alle Indikatorstämme enthielten Plasmid pMG200(Abb.2), ein Teil der „Pock"-Bildner enthielt pMG210, seine physische Karte ist identisch mit pMG200, ein Teil der „Pock"-Bildner enthielt pMG220 (Abb. 3). Dieses Plasmid ist isogen mit pMG200, bis auf eine Deletion von 1,6 kb im SalI-A-Fragment. Alle drei Plasmide besitzen keine Spaltorte für die Restriktionsenzyme ClaI, EcoRI, EcoRV, HindIII, SmaI und SphI. Plasmid pMG200 besitzt einen unikalen Ort für BglII, der in pMG220 deletiert ist. Sowohl pMG200 als auch pMG220 besitzen 3 Orte für BamHI, 2 für KpnI, 2 für PstI, 3 für PvuII, 5 für SalI und 1 für SstI. Die Kopiezahl wurde bestimmt, indem die radio-

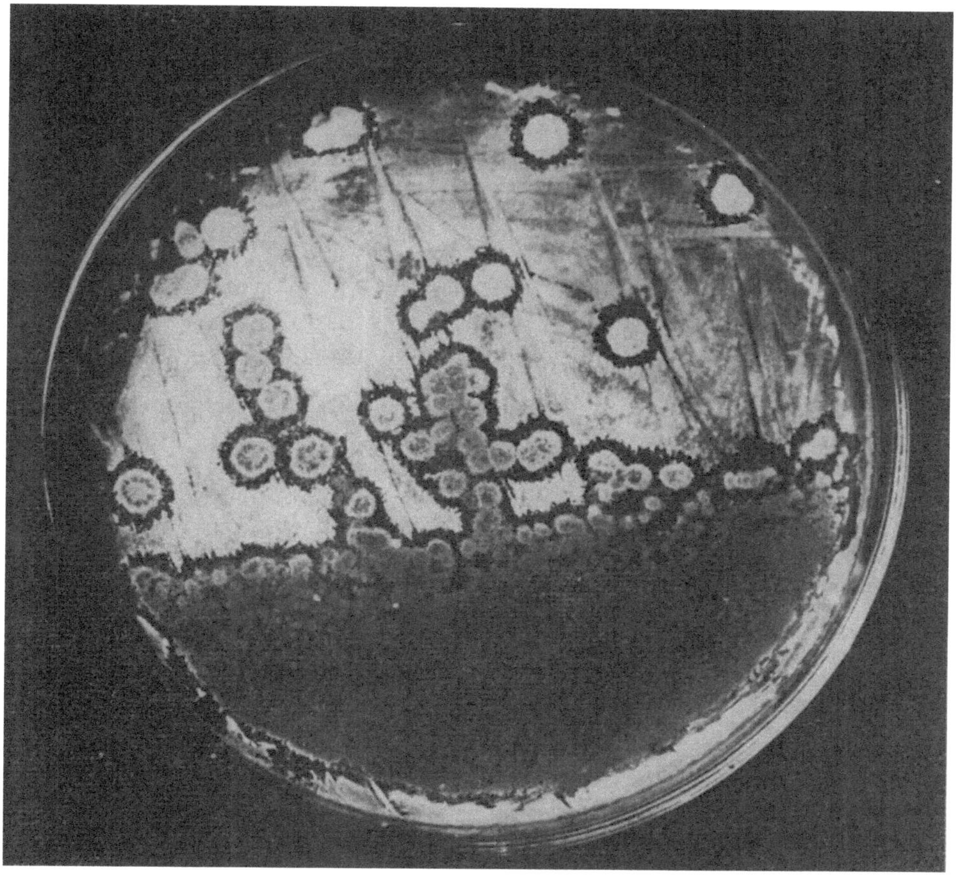

Abb. 1. Pock-Bildung von Klonen, die das Plasmid pMG220 enthalten, im Rasen von *Streptomyces chrysomallus* 2, der pMG200 enthält.

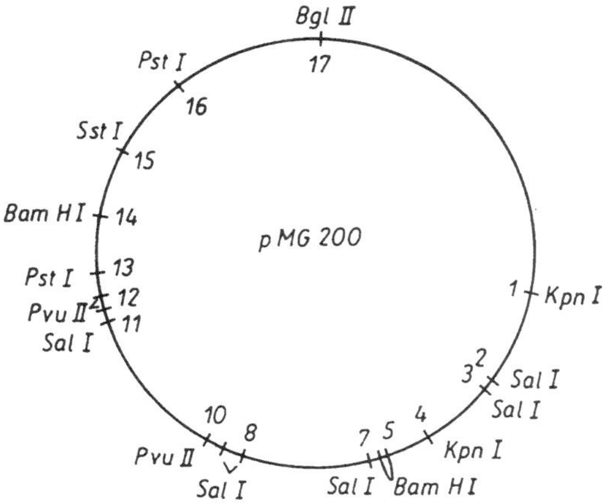

Abb. 2. Physische Karte des *Streptomyces*-Plasmides pMG200, die Molekülgröße beträgt 6,9 kb.

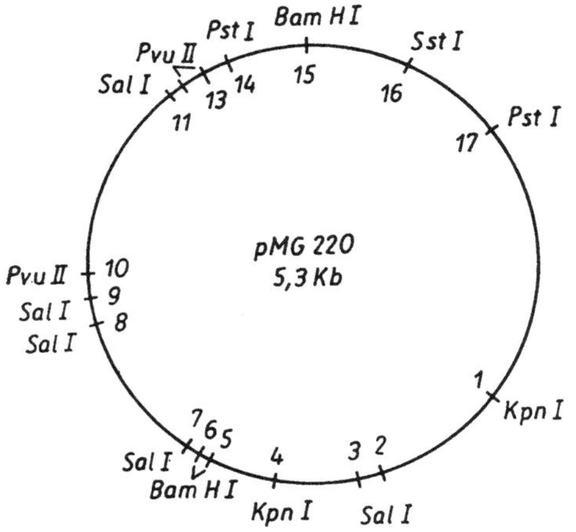

Abb. 3. Physische Karte des *Streptomyces*-Plasmids pMG220.

aktiv markierte Gesamt-DNS gelelektrophoretisch getrennt wurde und die Zahl der Zerfälle pro Minute für die chromosomale und die Plasmid-DNS (ccc-Form) gemessen und unter Berücksichtigung der Molekülgrößen der relative Anteil beider errechnet wurde. Die Bestimmung der Kopiezahlen erbrachte folgende Werte für:

pMG200	1–3	Kopien/Wirtschromosomenäquivalent
pMG210	10–30	Kopien/Wirtschromosomenäquivalent
pMG220	100–300	Kopien/Wirtschromosomenäquivalent

Wir schlußfolgern aus diesen Ergebnissen, daß die Deletion von 1,6 kb die molekulare Basis für die Erhöhung der Kopiezahl bei pMG220 ist. Im Falle von pMG210 muß eine noch nicht identifizierte kleinere Veränderung angenommen werden. Möglicherweise wird in beiden Fällen ein negatives Kontroll-Element entfernt bzw. inaktiviert [9]. Sowohl pMG200 als auch pMG220 sind kompatibel mit den Plasmiden der pIJ101-Familie. Das Inkompatibilitätsverhalten von pMG200 und pMG220 untereinander bedarf weiterer Untersuchungen. Inwieweit invertierte Duplikationen, wie sie für pMG110 und pMG120 postuliert wurden [10], für pMG200 und die Entstehung von Deletionen von Relevanz sind, ist noch offen.

Die Hemmung des Indikator-Stammes durch Stämme, die Plasmide erhöhter Kopiezahl tragen, ist denkbar, wenn eine höhere Genexpression als Ergebnis eines Gen-Dosage-Effektes angenommen werden kann. Das würde bedeuten, daß der verursachende Faktor, möglicherweise ein Bakteriocin, Plasmid-lokalisiert ist. Der Unterschied kann auch qualitativer Natur sein, daß eine vorher reprimierte Funktion durch Deletion aktiviert wird. In beiden Fällen sind sowohl Bakteriocin-Wirkungen als auch Transfer-Prozesse (Lethalzygosis) denkbar.

Wir danken G. Uhlemann für die exzellente technische Assistenz, Dr. N. J. Solovjewa für die Bereitstellung von *S. chrysomallus* 2, S. Brantl für Anregungen zur Kopiezahlbestimmung, Dr. Noack und Prof. Zimmer für ihr stetes Interesse und ihre Förderung der Arbeiten.

Literatur

[1] Rautenstein, J. I., Solovjewa, N. J., Moskalenko, L. N., Kuimova, T. F.: Mikrobiologia **52** (1983) 5, 821.
[2] Ogata, S., Suenaga, H., Hayashida, S., Seino, A.: J. Appl. Mikrobiol. **29** (1983), 239.
[3] Suenaga, H., Ogata, S., Hayashida, S.: Agric. Biol. Chem. **47** (1983), 2651.

[4] BIBB, M. J., WARD, J. M., KIESER, T., COHEN, S. N., HOPWOOD, D. A.: Mol. Gen. Genet. **184** (1981), 230.
[5] BIBB, M. J., HOPWOOD, D. A.: J. Gen. Microbiol. **126** (1981), 427.
[6] KIESER, T., HOPWOOD, D. A., WRIGHT, H. M., THOMPSON, C. J.: Mol. Gen. Genet. **185** (1982), 223.
[7] OHNUKI, T., IMANAKA, T., AIBA, S.: Gene **25** (1983), 155.
[8] KRÜGEL, H., WALTER, F.: Proc. 5. Int. Symp. Antibiotic Res. R Plasmide, Smolenice, 1983. Publ. Avicenum (Prag) Springer (Heidelberg).
[9] SCOTT, J. R.: Microbiol. Reviews **48** (1984) 1, 1.
[10] KLAUS, S., KRÜGEL, H., WALTER, F.: Mol. Gen. Genet. **197** (1984), 143.

Konstruktion von Vektoren für methylotrophe Bakterien auf der Basis des Plasmids RSF 1010

ENGEL, J.[1], CHYSTOSERDOV, A. J.[2], TSYGANOV, J. D.[2]

[1] Akademie der Wissenschaften der DDR, Institut für Biotechnologie
DDR-7050 Leipzig, Permoserstraße 15
[2] Allunionsinstitut für Genetik und Selektion industrieller Mikroorganismen
Moskau 113545, Doroshnaja 8, UdSSR

Für die genotypische Optimierung methylotropher Bakterien mit dem Ziel der Herstellung von Produkten auf der Basis von Methanol ist die Entwicklung neuer Wirt/Vektorensysteme eine Voraussetzung. Zur Konstruktion von Vektoren wurde das Plasmid RSF1010 verwendet [1]. RSF1010 kann mit Hilfe von IncP1-Plasmiden in eine Vielzahl methylotropher Bakterien mobilisiert werden und repliziert sich in diesen Stämmen stabil [2]. Auf der Basis von RSF 1010 wurden Hybridplasmide konstruiert, die zusätzliche selektive Marker und einmalige Restriktionsorte für die in der Gentechnik gebräuchlichen Restriktasen aufweisen.
Das Hybridplasmid pECT1 wurde durch den Einbau des *Escherichia coli*-Plasmids pTK16 [3] in den EcoRI-Ort von RSF 1010 erhalten. pECT1 (13, 1 kb) weist neben Streptomycin (Sm)- und Sulfonamid (Su)-Resistenz zusätzlich Tetrazyklin (Tc)- und Kanamycin (Km)- Resistenz auf. Für Klonierungsexperimente können folgende Orte genutzt werden: XhoI und SmaI im Km-Gen, SalI und BamHI im Tc-Gen, SacI und SacII im Sm-Gen und PstI im Su-Gen.
Der Vektor pECT2 (11, 6 kb) entstand durch Klonierung von pUC19 [4] in den EcoRI-Ort von RSF 1010. pECT2 weist zusätzlich Ampicillin (Ap)-Resistenz und einen Polylinker auf. Für Klonierungen können folgende Orte im Polylinker genutzt werden: KpnI, SmaI, BamHI, XbaI, SalI, SphI und HindIII.
Durch Klonierung des BglII-Fragments von pHC79 [5], das den cos-Bereich des Phagen Lambda im BamHI-Ort von pECT1 enthält, wurde das Cosmid pECT3 konstruiert. pECT3 (14, 8 kb) weist Sm-, Km- und Su-Resistenz auf. Für die Klonierung können folgende Orte genutzt werden: XhoI und SmaI im Km-Gen, SacI und SacII im Sm-Gen, PstI im Su-Gen.
Der Vektor pECT4 (10, 2 kb) wurde durch Klonierung des EcoRI-Fragments von pUC4K [4] in den EcoRI-Ort von RSF 1010 erzeugt. pECT4 weist Sm-, Su- und Km-Resistenz auf. Für Klonierungen sind sowohl die symmetrisch vom Km-Gen lokalisierten EcoRI-, BamHI- und SalI-Orte, als auch die einmaligen Restriktionsorte für XhoI, SmaI und HindIII im Km-Gen geeignet.
Ein Überblick über die durchgeführten Vektorkonstruktionen ist in Abb. 1 dargestellt.

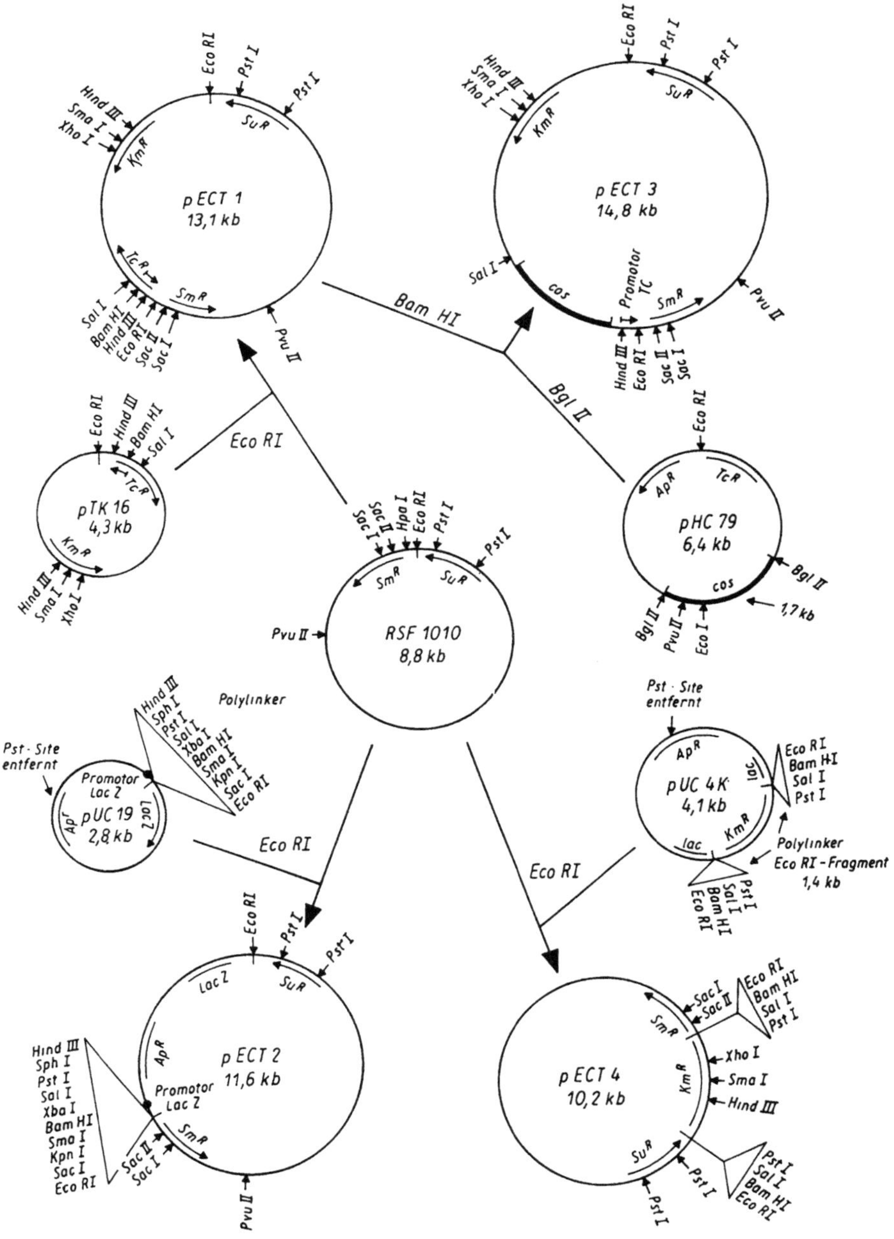

Abb. 1. Konstruktion der Vektoren pECT 1, 2, 3 und 4 aus dem Plasmid RSF 1010
Erklärungen: siehe Text, Abkürzungen für Antibiotikaresistenzgene: Tc — Tetrazyklin, Sm — Streptomycin, Su — Sulfonamid, Km — Kanamycin, Ap — Ampicillin.

Bisher konnte gezeigt werden, daß sich die Vektoren pECT 1 bis pECT 4 in *Escherichia coli*, *Pseudomonas aeruginosa* und in dem methylotrophen Stamm *Pseudomonas* W 6 stabil replizieren.

Literatur

[1] NAGAHARI, K., SAKAGUCHI, K.: J. Bacteriol. **133** (1978), 1527.
[2] ENGEL, J.: Genetik methylotropher Bakterien. Vergleichende Untersuchungen an neutrophilen und acidophilen methanolutilisierenden Stämmen. Diss. Akademie der Wissenschaften der DDR, Berlin, 1984.
[3] KAHN, M. et al. — In: Methods in Enzymologie Vol. 68. Ed.: R. WU. Berlin: Academic Press, 1979, pp. 268–280.
[4] VIEIRA, J., MESSING, J.: Gene **19** (1982), 259.
[5] HOHN, B., COLLINS, J.: Gene **11** (1980), 291.

Wechselwirkungen zwischen Lektinen und Mikroorganismen

II. Identifizierung von mikrobiellen Stämmen und Mutanten durch die Kinetik induzierter Agglutinationen

FLEMMING, CH., SATTLER, K., FLEMMING, I.

Akademie der Wissenschaften der DDR, Institut für Biotechnologie Leipzig
DDR-7050 Leipzig, Permoserstr. 15

Summary

The kinetic of lectin or antibody induced agglutination between single cells is a complex but highly specific reproducible marker. It is useful for the identification of strains and mutants. Using the described method we are able to differentiate the mutants of yeast strains.

Der Nachweis von stammspezifischen Merkmalen ist nicht nur in der medizinischen Diagnostik von Bedeutung, er ist auch notwendig für die biologische Kontrolle technischer Fermentationsprozesse. Methoden müssen verfügbar sein, die in jeder Phase der Fermentation, vor allem bei schwankenden Leistungsparametern, imstande sind, eindeutig und kurzfristig die Frage zu beantworten, ob ein Mikroorganismenstamm noch mit dem ursprünglich eingesetzten identisch ist oder nicht. Die Identifizierung eines Stammes nach herkömmlichen Methoden erfordert Isolierung, taxonomische Bestimmung und stammspezifische Charakterisierung (z. B. serologische Diagnostik, Leistungsnachweis bei technischen Fermentationsprozessen). Bei Bakterien kann die Stammidentifizierung in manchen Fällen durch qualitative Reaktionen mit Immunseren oder Lektinen herbeigeführt werden. Bei Hefen versagen diese qualitativen Agglutinationsverfahren weitgehend. Ihre Spezifität reicht nicht aus, um die geringen Unterschiede im relativ uniformen Aufbau der Zellbegrenzung zu erfassen.
Systematische Untersuchungen zur Zellagglutination haben gezeigt, daß Mikroorganismenstämme, die qualitativ gleiche Reaktionen mit Lektinen oder Antikörpern aufweisen, in der Kinetik der Agglutination verschieden sind [1]. Die Agglutinationsgeschwindigkeit, die aus der Verminderung der optischen Dichte einer Zellsuspension bestimmt wird, erweist sich als eine reproduzierbare quantitative Größe von hoher

Spezifität nicht nur für Stämme einer Art, sondern auch deren Mutanten. Besonderen Wert gewinnt die Methode, wenn sich Stämme oder Mutanten in nicht oder schwer selektierbaren Merkmalen, z. B. quantitativen Leistungskennziffern, unterscheiden.
Die Leistungsfähigkeit der Methode soll am Beispiel von Mutanten eines Hefestammes und der Kinetik ihrer durch Concanavalin A (Con A) oder Linsenlektin (LCA) induzierten Agglutinationen gezeigt werden.
Die zu vergleichenden Mikroorganismenstämme müssen unter identischen Bedingungen kultiviert und zur Agglutination gebracht werden. Das Agglutinationsverhalten wird aus der Verminderung der optischen Dichte einer mit konstanter Geschwindigkeit (375 U/min) gerührten Zellsuspension an einem kontinuierlich registrierenden Spektralphotometer bestimmt [2, 3]. Untersucht wurde der Hefestamm *Candida maltosa* EH62 (Stammsammlung des IBT) sowie 4 von Röber hergestellte UV-Mutanten (M1 bis M4) dieses Stammes. In der taxonomischen Untersuchung [4] unterscheiden sich M3 und M4 nicht vom Ausgangsstamm, M1 und M2 erwiesen sich als Defektmutanten (M1 verwertet Xylose, Cellobiose, Salicin, Arbutin, Ribit und Sorbit nicht, M2 verwertet Ribit nicht).
Die Bedingungen der Agglutination: 25 °C, pH 7,2, Con A 88 nM, LCA 640 nM.
Der äußere Teil der Zellwand der meisten Hefestämme besteht hauptsächlich aus einem Polysaccharid, dessen Hauptkomponente Mannose ist [5, 6], deshalb werden von Con A nahezu alle Hefestämme und von LCA (gleiche Spezifität wie Con A, aber geringere Affinität) etwa 50% aller Hefestämme agglutiniert [7]. Der Ausgangsstamm *Candida maltosa* EH62 und die Mutanten 1 bis 4 werden sowohl durch Con A als auch durch LCA agglutiniert und können nach der halbquantitativen Objektträgermethode nicht unterschieden

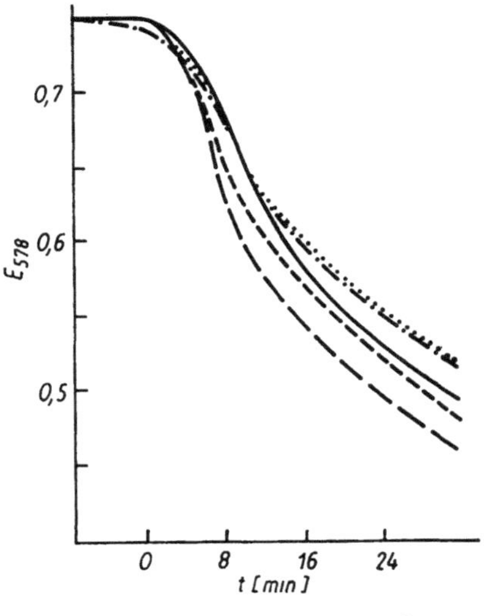

Abb. 1. Typische Agglutinationskurven von Hefestämmen. Zur gerührten Zellsuspension wird zum Zeitpunkt $t = 0$ (Start) Concanavalin A zugegeben. Die als Folge der einsetzenden Zellagglutination abnehmende Extinktion wird kontinuierlich registriert. Für jeden der fünf untersuchten Stämme wird eine typische Agglutinationskurve erhalten.

——— *C. maltosa* EH 62
.... M 1
— — — M 2
—·—·— M3
.... M 4

werden. Die Kinetik der Zellagglutination gestattet dagegen eine Unterscheidung der untersuchten Hefestämme (Abb. 1 und 2).
Im gewählten Beispiel sind die Unterschiede in der Agglutinationsgeschwindigkeit bei Verwendung von Linsenlektin viel größer als bei Con A, so können bei der LCA-induzierten Agglutination alle 5 Stämme unterschieden werden, während bei der durch Con A bedingten Agglutination die Unterschiede bei M3 und M4 nicht und zwischen dem Ausgangsstamm und M1 kaum nachweisbar sind.

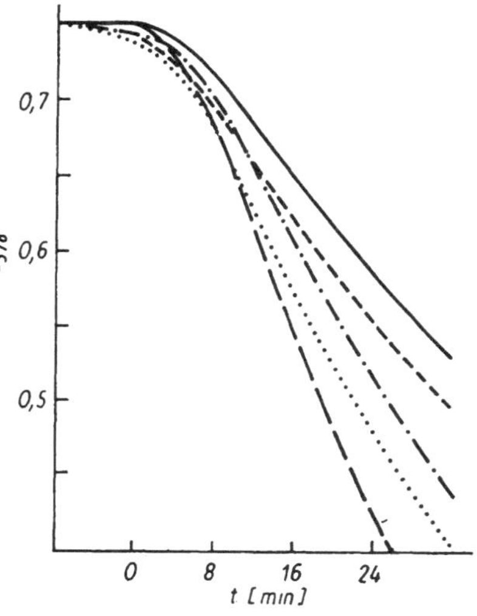

Abb. 2. Typische Agglutinationskurven von Hefestämmen.
Zur gerührten Zellsuspension wird zum Zeitpunkt $t = 0$ (Start) Linsenlektin zugegeben. Die als Folge der einsetzenden Zellagglutination abnehmende Extinktion wird kontinuierlich registriert. Für jeden der fünf untersuchten Stämme wird eine typische Agglutinationskurve erhalten.
——— *C. maltosa* EH 62
------------ M 1
— — — M 2
—·—·—· M 3
············· M 4

Die Feststellung der Stammidentität kann nur auf der Grundlage der Zugehörigkeit zu einer bestimmten Art oder der Herkunft von einem bekannten Ausgangsstamm (im Falle der Mutanten) erfolgen. Die taxonomische Einordnung ist allein durch Bestimmung der Agglutinationsgeschwindigkeit nicht möglich.
In nachfolgenden Publikationen soll über die Kinetik der Zellagglutination nach Reaktion mit „natürlichen" Antikörpern [8, 9] und Immunglobulinen [10] berichtet werden. Auch die Reaktion zwischen Erythrocyten und Influenzaviren ergibt charakteristische quantitative Verläufe [11].

Literatur

[1] Flemming, Ch., Flemming, I., Schädlich, H., Wegewitz, B., Gabert, A., Ringpfeil, M., Sattler, K.: Verfahren zur Charakterisierung und Identifizierung von Mikroorganismenstämmen. DDR-WP, eingereicht März 1985.
[2] Linnemans, W., Spies, F., De Ruyter De Wildt, Th., Elbers, P.: Exp. Cell. Res. **101** (1976), 184 und 191.

[3] FLEMMING, CH., GABERT, A., FLEMMING, I.: J. Basic Microbiol. **25** (1985), 493.
[4] BARNETT, J. A., PAYNE, R., YARROW, D.: Yeasts, characteristics and identification. Cambridge, London, New York, New Rochelle, Melbourne, Sydney: Cambridge University Press, 1983.
[5] BALLON, C.: Advances in Microbial Physiology **14** (1976), 93.
[6] FARKAS, V.: Microbiol. Rev. **43** (1979), 117.
[7] MEINHOLD, I., GABERT, A., WÜNSCHE, L., ROTH, P.: J. Basic Microbiol. **25** (1985), 537.
[8] WEGEWITZ, B., FLEMMING, CH.: Z. Allg. Mikrobiol. **25** (1985), im Druck.
[9] WEGEWITZ, B.: Kinetische Untersuchungen zur Agglutination von Hefestämmen durch natürliche Antikörper. Diss. A. Institut für technische Chemie, Leipzig, 1985.
[10] BAEKER, R.: Untersuchungen zur Reaktion von Lektinen und Immunglobulinen mit methanolassimilierenden Bakterienstämmen. Diplomarbeit, Karl-Marx-Universität Leipzig, Sektion Biowissenschaften, 1985.
[11] LUTHER, P., FLEMMING, Ch., SAMTLEBEN, R., REUTGEN, H.: Quantitative Bestimmung von Bindungsorten für das Lektin (HA) und Enzym (N) von Influenzaviren auf Erythrozyten. 8. Arbeitstagung Lektine, Berlin 31. 5. und 1. 6. 1984.

Transformations of the Industrially Important Yeasts Candida maltosa and Pichia guilliermondii

KUNZE, G., PETZOLDT, G., BODE, R., SAMSONOVA, I., HECKER, M., BIRNBAUM, D.

Ernst-Moritz-Arndt-Universität Greifswald
DDR-2200 Greifswald, Jahnstraße 15a

In the present communication we describe our transformation of the n-alkane utilizing yeasts *Candida maltosa* and *Pichia guilliermondii* by the plasmid pYe (arg4)411, containing the *E. coli* plasmid pBR322 and the *Saccharomyces cerevisiae* ARS-sequence and the ARG4 gene [1].
We could transform this plasmid in *Pichia guilliermondii* G266 (arg4-22 leu-1) with a frequency of 1.5×10^{-5}, in *Candida maltosa* G344 (arg4−18) with 5.5×10^{-7} and in *Saccharomyces cerevisiae* Z136-1-13C (arg4-2 leu1-1 ade1 trp1-1 gal1) with 1.6×10^{-6}.
All ARG^+ transformants were genetically unstable under nonselective conditions. This fact and the recloning of yeast DNA in *E. coli* suggest, that the plasmid pYe(arg4) 411 possessed the ability to replicate autonomously in *Saccharomyces cerevisiae*, *Candida maltosa* and *Pichia guilliermondii*. The gene encoding argininosuccinate lyase and β-lactamase are expressed in all transformants.
The copy number of plasmids were not estimated but the different activities of argininosuccinate lyase as well as the Southern blots used show differences in the efficiency of hybridization of the transformant species indicating probable a different copy number of plasmid pYe (arg4) 411.

Reference

[1] TSCHUMPER, G., CARBON, J.: J. Mol. Biol. **156** (1982), 293.

Protoplastentransformation bei N-Streptokokken

KIRCHHÜBEL, W., RIEMELT, J., SCHELENZ, H. J.

VEB WTÖZ der Milchindustrie
DDR-1400 Oranienburg, Sachsenhausener Straße 7

N-Streptokokken sind bisher genetisch wenig untersucht. Sie sind ein interessantes Objekt, da

- alle technologisch bedeutenden Funktionen plasmidgebunden sind,
- sie apathogen sind,
- sie die Grundlage für die Herstellung von Butter und Käse darstellen und
- extrazellulärer Transport von Proteinen stattfindet.

Eine entscheidende Voraussetzung für ihre gentechnische Bearbeitung sind intakte Transferprozesse. N-Streptokokken gelten als nichttransformierbar. Die Protoplastentransformation ist daher eine Alternative. Aus der Literatur ist bisher nur ein erfolgreiches Experiment bekannt. KONDO und MCKAY (1982) übertrugen ein verkleinertes Lactoseplasmid auf *S. lactis* C2.
Von uns wurde versucht, die die Erythromycinresistenz tragenden Plasmide pDB101 und pSM7 von *S. sanguis* (H-Streptokokken) auf 2 Stämme von *S. Lactis* zu übertragen. Die Protoplastenbildung wurde unter Verwendung von $MgCl_2$ (3 mM) und Saccharose (20%) als osmotische Stabilisatoren und Lysozym (30 µg/ml) induziert. Die Transformation der aufkonzentrierten Spender-DNA erfolgte auf PEG (6000) behandelten Protoplasten. Die Selektion wurde auf einen Agar mit 0,5 M Saccharose und 5 µg Ery/ml durchgeführt. Bei $1{,}5 \times 10^3 \cdots 3{,}8 \times 10^3$ Transformanten betrug die Transferfrequenz 10^{-4}. In der Agarose-Gelelektrophorese zeigte sich eine zusätzliche Bande, während jedoch die spezifischen Plasmid-DNA-Banden des Donors und des Rezipienten fehlten. Diese Ergebnisse werden mit Cointegration interpretiert. Die DNA der Ery^+-Plasmide der Transformanten wurde als Donor für die Sekundärtransformation eingesetzt, und es konnte gezeigt werden, daß die genannten Plasmide auch zwischen N-Streptokokken transformierbar sind.

Vergleichende Untersuchungen von verschiedenen Trägermaterialien bezüglich ihrer Eignung für die chemische Oligonucleotidsynthese nach dem Phosphotriesterverfahren

WEISS, R., BIRCH-HIRSCHFELD, E., WITKOWSKI, W.

Akademie der Wissenschaften der DDR
Zentralinstitut für Mikrobiologie und experimentelle Therapie
DDR-6900 Jena, Beutenbergstraße 11

Summary

A number of various oligonucleotides was synthesized on different supports, as well in 3′-5′, as in 5′–3′ direction. Self made styrene grafted teflones showed some advantages in comparison with commercially available supports.

Während der letzten Jahre wurde die chemische Synthese von Oligonucleotiden durch Anwendung der Festphasenmethode soweit verbessert, daß eine schnelle, vollautomatische Herstellung möglich wurde. Um diese Vorteile für unsere Arbeiten nutzbar zu machen, haben wir verschiedene Versuchsbedingungen verglichen und die als optimal gefundenen als Standard für die folgenden Untersuchungen angewandt [1]. Als polymere Träger wurden dazu Polystyren (Merrifieldharz, Fluka, 0,04—0,06 mm, 1% Divinylbenzen), CP-Glas (CPG-Serva, Porenweite 24 nm, Körnung 0,04—0,06 mm) sowie styrengepfropftes Polytetrafluorethylen (PTFE) mit unterschiedlichen Pfropfungsgrad umgesetzt. Dabei diente im Falle des vernetzten Polystyrens und der gepfropften Teflone die Succinylamidomethylgruppe als Anker, während im Falle des Glasträgers die Succinylamidopropylgruppe [2] als Anker Verwendung fand.
Als Kondensationsmittel wurde das System 2,4,6-Triisopropylbenzen-1-sulfochlorid/1-Methylimidazol [3] bzw. Mesitylensulfonyl-3-nitro-1,2,4-triazolid/1-Methylimidazol [4] benutzt.
Der Aufbau der Oligomeren erfolgte in der Regel durch 1 + 1-Addition, wobei sowohl in der Syntheserichtung 3'—5' als auch 5'—3' gearbeitet wurde. Die dabei erzielten Ergebnisse sind für die beiden Syntheserichtungen getrennt in den Tabellen 1 und 2 dargestellt. Zur Beurteilung der Versuche dienten die HPLC-Elutionsprofile, von denen, zur Illustration der Leistungsfähigkeit des jeweils angewandten Trägers, in den Abbildungen 1 bzw. 2 zwei Beispiele gezeigt werden.
Die Abspaltung der Oligomeren von den Trägern und die Entfernung der Schutzgruppen erfolgte in der üblichen Weise [5]. Darauf erfolgte die Reinigung der Oligonucleotide mit Hilfe der Anionenaustauschchromatografie an DEAE-Cellulose, woran sich, je nach Verwendungszweck und Kettenlänge der Sequenzen, noch eine Trennung mittels HPLC an Partisil 10 SAX oder eine präparative Gelektrophorese an 20% denaturiertem Polyacrylamid anschloß. Sequenzanalysen, durchgeführt nach [6], vervollständigten schließlich die beschriebenen Synthesen. Ein Beispiel hierfür ist in Abb. 3 wiedergegeben.

Tab. 1. Synthese von Oligonucleotiden an verschiedenen Trägern; Aufbaurichtung 5'—3'

Sequenz	Träger	1. Nucleotid / g Träger (μmol)	Ausbeute: ODE / 100 mg Träger	Ausbeute: % / Kondensationsschritt
dTCAGATGGCTTT-GGC	Polystyren	58	165	92
dGATCACACATG	T_{20}	54	186	94
dCCCAGTCACG-ACGTT	T_{20}	69	130	89
dCAGATCTG	T_{20}	59	248	98
dTGAGATCAGCAG	Polystyren	58	132	90
dAACAGCTATGA-CCATG	T_{22}	70	144	90
dGATCCATGTGT	T_{10}	20	90	96
dGATCACACATG	Polystyren	209	271	85

T_{10}—T_{22} = styrengepfropfte PTFE unterschiedlicher Pfropfung

Tab. 2. Synthese von Oligonucleotiden an verschiedenen Trägern; Aufbaurichtung 3'–5'

Sequenz	Träger	1. Nucleosid / g Träger µmol	Ausbeute ODE / 100 mg Träger	% / Kondensationsschritt
$d(T)_{10}$	T_{10}	30	66	89,5
$d(T)_{10}$	Polystyren	90	125	85
$d(T)_{10}$	CPG-Serva	190	480	91
dGCGTAATATT-CG	T_{22}	36,5	132	94
dGATCACACATG	CPG-Serva	42	134	93
dCGTGTCAACACG	T_{22}	141	154	93
dCGTTGACACG	T_{22}	141	150	87

T_{10} und T_{22} = styrengepfropfte PTFE unterschiedlicher Pfropfung

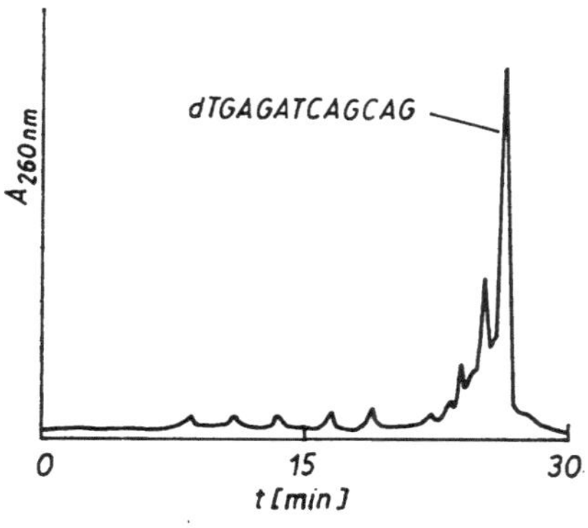

Abb. 1.

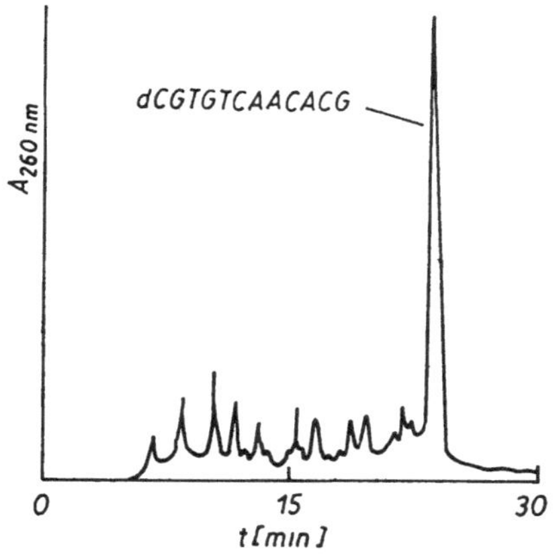

Abb. 2.

Abb. 1. HPLC-Profil des Reaktionsgemisches nach Abspaltung der Schutzgruppen an Partisil 10 SAX bei 50 °C, Säule 4,6 × 250 mm, Durchfluß 1,69 ml/min.
Elutionsmittel A: H_2O mit 30% Acetonitril
B: 0,3 m KH_xPO_4(pH 6) mit 30% Acetonitril
Gradient 0–100% B (linear)

Abb. 2. HPLC-Profil des Reaktionsgemisches nach Abspaltung der Schutzgruppen an Partisil 10 SAX bei 50 °C, Säule 4,6 × 250 mm, Durchfluß 1,69 ml/min.
Elutionsmittel A: H_2O mit 30% Acetonitril
B: 0,3 m KH_xPO_4 (pH 6) mit 30% Acetonitril
Gradient 0–100% B (linear)

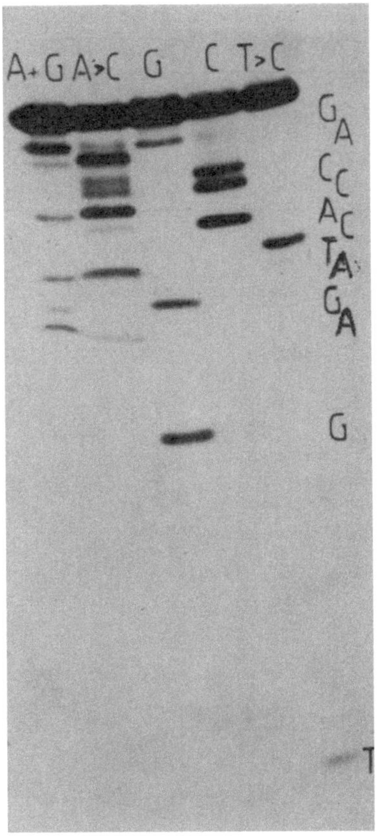

Abb. 3. Autoradiogramm des Polyacrylamidgels zur Sequenzanalyse des Oligomers dTGAGATCACCAG (MAXAM-GILBERT-Methode).

Die Untersuchungen zeigen, daß styrengepfropfte Teflone im Vergleich zu kommerziell erhältlichen Trägern, wie CP-Gläser oder Merrifieldharzen, bei mindestens gleicher Effektivität einige Vorteile besitzen. So zeigen sie keine merkliche Quellbarkeit in organischen Lösungsmitteln und erlauben, im Gegensatz zu den Glasträgern, das Arbeiten in beiden möglichen Syntheserichtungen.

Die Verfasser sind Frau Ch. HARTMANN für fleißige technische Mitarbeit, Herrn Chem.-Ing. KAHL für die Ausführung der HPLC-Trennung und Herrn Dr. H. REINERT für die Durchführung der Sequenzanalysen zu Dank verpflichtet. Die PTFE-Propfungen wurden von Herrn Dr. K. FRIESE, Zentralinstitut für Isotopen- und Strahlenforschung, Leipzig, durchgeführt.

Literatur

[1] WITKOWSKI, W., BIRCH-HIRSCHFELD, E., WEISS, R., ZARYTOVA, V. F., GORN, V. V.: J. prakt. Chem. **326** (1984) 2, 320.
[2] CHOW, F., KEMPE, T., PALM, G.: Nucl. Acids Res. **9** (1981) 12, 2807.
[3] EFIMOW, V. A., REVERDATTO, S. V., CHAKHMAKHCHEVA, O. G.: Nucl. Acids Res. **10** (1982) 21, 6675.
[4] SPROAT, B. S., BANNWARTH, W.: Tetrahed. Lett. **24** (1983) 51, 5771.
[5] GASSEN, H. G., LANG, A.: Chemical and Enzymatic Synthesis of Gene Fragments. — In: A Laboratory Manual. Weinheim: Verlag Chemie, 1982.
[6] MAXAM, A. M., GILBERT, W.: Methods Enzymol. **65** (1980), 499.

Cyanurchlorid-aktiviertes Papier (CCA), ein neuer Flächenträger zur Fixierung von Nukleinsäuren und Proteinen

Hunger, H. D., Coutelle, Ch.

Akademie der Wissenschaften der DDR, Zentralinstitut für Molekularbiologie
DDR-1115 Berlin, Robert-Rössle-Straße 10

Flächenträger bzw. flächige Trägermaterialien sind aus der modernen Molekularbiologie nicht mehr wegzudenken und erobern sich ständig neue Anwendungsgebiete.
Dabei stellen Nitrocellulose [1], Nylon- und Ionenaustauschermembranen [2] die hauptsächlich verwendeten Träger dar. DBM- bzw. DPT-Papier [3] als Möglichkeit der kovalenten Bindung von Biopolymeren besitzt eine relativ niedrige Bindungskapazität (40 μg DNS/cm²) und muß unmittelbar vor der Benutzung chemisch aktiviert werden.
Wir haben deshalb einen auf der chemischen Aktivierung von Cellulose mit Cyanurchlorid basierenden Papierträger entwickelt, der eine hohe DNS-Bindungskapazität (bis zu 400 μg/cm²) besitzt, sofort einsatzbereit ist und auch nach längerer Lagerzeit volle chemische Aktivität behält.

Synthese und Lagerung des CCA-Papiers

Die Synthese des CCA-Papiers erfolgt nach [4] und basiert auf der mikrokristallinen Abscheidung von Cyanurchlorid zusammen mit einem Metallhalogenid (NaCl) auf der Celluloseoberfläche.
Der Träger wird in Polyethylentüten mit N_2 begast, eingeschweißt und ist in dieser Form mindestens 1 Woche bei Raumtemperatur und 1 Jahr bei −20 °C lagerbar.

Physikalische und chemische Charakterisierung von CCA-Papier

Der Vergleich von nach üblichen Aktivierungsverfahren mit Cyanurchlorid hergestelltem Papier [5, 6] mit dem neuen Trägersystem zeigt in der Raster-Elektronenmikroskopie mikrokristalline Abscheidungen von 2−10 μm auf der Oberfläche von CCA-Papier. Nach röntgenkristallographischen Untersuchungen konnte NaCl und freies Cyanurchlorid nachgewiesen werden. Die Anwesenheit von freiem Cyanurchlorid wurde ebenfalls durch massenspektrometrische Untersuchungen nach Derivatisierung mit Alkoholen und Aminen gezeigt.
Elektronenspektrum für chemische Analyse (ESCA) — Untersuchungen erbrachten deutliche Unterschiede zwischen CCA-Papier und normal mit Cyanurchlorid aktiviertem Papier.
Die DNS-Bindungskapazität von CCA-Papier beträgt bis zu 400 μg/cm². Auf Grund dieser Ergebnisse kann CCA-Papier als makromolekulare Masse, bestehend aus freier Cellulose, Cellulose mit gebundenen Triazingruppen, freiem Cyanurchlorid und mikrokristallinem NaCl, angesehen werden.

Anwendung von CCA-Papier

CCA-Papier kann sowohl in Blotting-Verfahren als auch in Dot-Tests für Nukleinsäuren und Proteine eingesetzt werden [7]. Dabei wurden zum Transfer sowohl Kapillarblotting-Techniken [1, 8] als auch Elektroblotting-Techniken [9, 10] eingesetzt.

Spezifische DNS-Sequenzen können nach Transfer aus Agarosegelen (Southern-Technik) bzw. Tüpfelauftragung im pg-Bereich durch Hybridisation mit ^{32}P-markierten Sonden (Rekombinanten-DNS, cDNS, Oligonukleotide) nachgewiesen werden (spezifische Aktivität: 10^8 cpm/µg).
Spezifische RNS-Sequenzen werden nach Transfer aus Agarosegelen (Northern-Technik) durch Hybridisation mit ^{32}P-markierten Sonden nachgewiesen (z. B. Globin-mRNS-Nachweis).
Proteine können sowohl aus Harnstoff/Polyacrylamidgelen [11], Harnstoff-SDS-Gelen [12] und SDS-Gelen [13] transferiert werden (Western-Technik). Der Nachweis erfolgt nach Inkubation mit dem ersten Antikörper und anschließender ^{125}J-Protein A-Reaktion.

Literatur

[1] Smith, G. E., Summers, M. D.: Anal. Biochem. **109** (1980), 123.
[2] Gershoni, J. M., Palade, G. E.: Anal. Biochem. **124** (1982), 396.
[3] Alwine, J. C., Kemp, D. J., Stark, G. R.: Proc. Natl. Acad. Sci. USA **74** (1977), 5350.
[4] DD-WP Anmeldung C 08L/262265 (1984).
[5] Smith, N. L., Lenhoff, H. M. F.: Anal. Biochem. **61** (1974), 392.
[6] Hunger, H.-D., Grützmann, H., Coutelle, Ch.: Biochem. Biophys. Acta **653** (1981), 344.
[7] Hunger et al., in Vorbereitung.
[8] Southern, E. M.: J. Biol. **98** (1975), 503.
[9] Towbin, H. T., Staehelin, Gordon, J.: Proc. Natl. Acad. Sci. USA **76** (1979), 4350.
[10] Bittner, M., Kupferer, Morris, C. F.: Anal. Biochem. **102** (1980), 459.
[11] La Boy, P. S., Cox, E. C., Flox, J. G.: Proc. Natl. Acad. Sci., USA **52** (1964), 1367.
[12] Thomas, G., Sweeney, R., Chang, L., Mollor, M. F.: J. Mol. Biol. **95** (1975), 91.
[13] Laemmli, U. K.: Nature **227** (1970), 680.
[14] Rosenthal, A., Hunger, H.-D.: Nucl. Acids Res. Symp. Series **No 14** (1984), 309.

Simultaneous Solid-Phase Sequencing of Short and Long DNA Fragments on CCS Anion-Exchange Cellulose Paper

Rosenthal, A.*[1], Jung, R.[2], Hunger, H.-D.

[1] Akademie der Wissenschaften der DDR, Zentralinstitut für Molekularbiologie
DDR-1115 Berlin-Buch, Robert-Rössle-Straße 10
[2] Akademie der Wissenschaften der DDR
Zentralinstitut für Genetik und Kultupflanzenforschung
DDR-4325 Gatersleben, Corrensstraße 3

Introduction

Since their introduction in 1977, the chemical degradation method by Maxam and Gilbert [1, 2] and the enzymatic dideoxy chain termination method by Sanger [3] have been widely used in molecular biology for sequencing of long DNA fragments. Although the chemical approach can also be applied in its modified form for the sequenc-

* To whom correspondence should be addressed.

A limited number of the CCS sequencing paper for testing is available at the Zentralinstitut für Molekularbiologie der Akademie der Wissenschaften der DDR, DDR-1115 Berlin-Buch, Robert-Rössle-Straße 10.

ing analysis of oligonucleotides [4], RNA fragments [5] and genomic DNA [6], it is more time- and work-consuming than the enzymatic procedure. Therefore, most of the recent DNA sequencing has been performed by SANGER's technique. In addition, the recent advances of chemical DNA synthesis — the „filter method" by FRANK and BLÖCKER [7] allowing the synthesis of up to 200 different short DNA fragments per week [8] — demand adequately rapid sequencing techniques for oligonucleotides. The fingerprint method [9] or a modified MAXAM-GILBERT procedure in solution [4] are too slow. Classical MAXAM-GILBERT sequencing can be carried out much more rapidly and economically on a solid-phase [10]. We have, therefore, developed a rapid and simple solid-phase method for simultaneous sequencing of several DNA fragments ranging from a few nucleotides up to 5 kb in length based on a new anion-exchange carrier medium (CCS anion-exchange paper) [11—13].

Main Properties of CCS Paper in its Use for DNA Sequencing

i) The anion-exchange function is determined by a quaternary ammonium group which is covalently bound via a triazine anchor group to mechanically stable WHATMAN 540 paper.
ii) The possibility to easily elute long DNA fragments (up to 5 kb) as well as oligonucleotides from the carrier during the piperidine reaction thus avoiding the salt elution and ethanol precipitation steps.
iii) The excellent mechanical stability of the cellulose carrier during the whole procedure allows the simultaneous processing of many paper segments.

Our CCS paper-supported DNA sequencing technique has therefore the following advantages:

- elimination of all precipitation steps
- the possibility to sequence oligonucleotides down to 3 bp as well as long DNA fragments
- simultaneous manual sequencing of large numbers of different DNA fragments (up to 50 and more) within a few hours
- the principal possibility for automation of the chemical sequencing procedure.

No other now commercially available two-dimensional anion-exchange carrier like DE 81 from WHATMAN or NA-45 from SCHLEICHER & SCHÜLL has chemical properties that allow to avoid salt elution and ethanol precipitation by which short oligonucleotide fragments are lost. Therefore, they cannot be used for sequencing oligonucleotides and are, besides that, not suitable for automation.

Principles of the Solid-Phase Sequencing Procedure on CCS Paper

The solid-phase sequencing procedure on CCS paper with its 7 operations (Table 1) takes 5—6 hours, independent of the number of fragments to be processed. Its efficiency increases the more DNA fragments are sequenced simultaneously.
For modifying the DNA, the following reactions at room temperature were selected for the routine: G [1, 2] with dimethylsulphate, A + G [2] with formic acid, T > Pu [14] with potassium permanganate and C [14] with hydroxylamine. For oligonucleotides (3—20 bp), modification times are 10 minutes for G and 20 minutes for the others. For long DNA fragments (500 bp — 5 kb), times must be reduced to 1.5 minutes for G and to 5—10 minutes for the others. To achieve a sufficient degree of modification of long

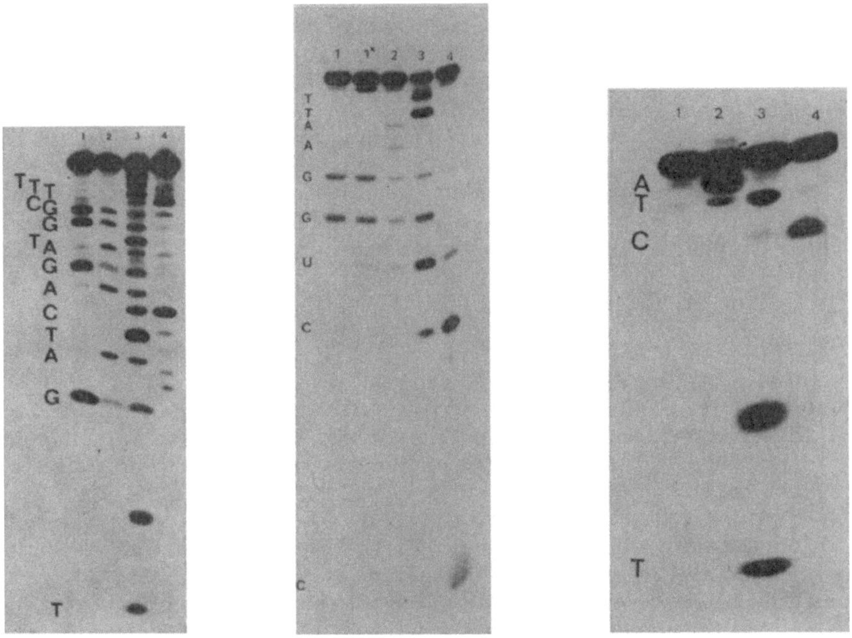

1a 1b 1c

Fig. 1. Solid-phase sequencing of three oligonucleotides. Lane 1 G (DMS), lane 2 A + G (HCOOH), lane 3 T > Pu ($KMnO_4$) and lane 4 C (NH_2OH).

Table 1. Operation cycle of solid-phase sequencing of DNA fragments on CCS paper

No	operation	time (min)
1	immobilization of terminally labelled DNA fragments	30
2	washing	5
3	modification reactions	10 (20)
4	washing	5
5	sorting of the paper segments	10
6	piperidine reaction and elution	30
7	lyophilization	120–180

double-stranded DNA by the permanganate and hydroxylamine reactions, it is necessary to heatdenature the DNA before application to the carrier. The elution efficiency of short and long DNA fragments during the piperidine reaction is 50–90% and 90 to 95%, respectively.

References

[1] Maxam, A. M., Gilbert, W.: Proc. Natl. Acad. Sci. USA **74** (1977), 560.
[2] Maxam, A. M., Gilbert, W.: Methods in Enzymol. **65** (1980), 449.
[3] Sanger, F., Nicklen, S., Coulson, A. R.: Proc. Natl. Acad. Sci. USA **74** (1977), 5463.
[4] Banuaszuk, A. M., Deugau, K. V., Sherwood, J., Michalk, M., Glick, B. R.: Anal. Biochem. **128** (1983), 281.

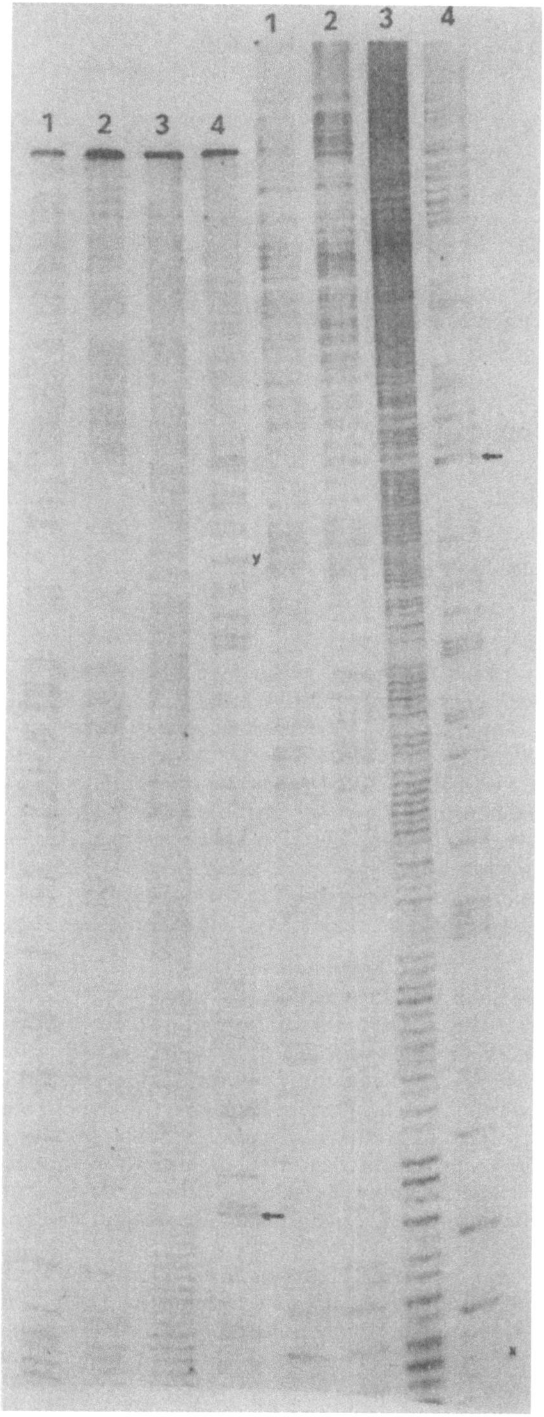

Fig. 2. Solid-phase sequencing of a 1.2 kb HindIII/*Bgl* I DNA fragment. Lane 1 G (DMS), lane 2 A + G (HCOOH), lane 3 T + Pu($KMnO_4$) and lane 4 C (NH_2OH).

[5] PEATTIE, D. A.: Proc. Natl. Acad. Sci. USA 76 (1979), 1760.
[6] CHURCH, G. M., GILBERT, W.: Proc. Natl. Acad. Sci. USA 81 (1984), 1991.
[7] FRANK, R., HEIKENS, W., HEISTERBERG-MOUTSIS, G., BLÖCKER, H.: Nucleic Acids Res. 11 (1983), 4365.
[8] MATTHES, H. W. D., ZENKE, W. M., GRUNDSTRÖM, T., STAUB, A., WINTZERITH, M., CHAMBON, P.: EMBO J. 3 (1984), 801.
[9] TU, C. D., JAY, E., BAHL, C. P., WU, R.: Anal. Biochem. 74 (1976), 73.
[10] CHUVPILO, S. A., KRAVCHENKO, V. V.: FEBS Lett. 179 (1985), 34.
[11] ROSENTHAL, A., HUNGER, H.-D.: Nucleic Acids Res. Symposium Series 14 (1984), 309.
[12] ROSENTHAL, A., SCHWERTNER, S., HAHN, V., HUNGER, H.-D.: Nucleic Acids Res. 13 (1985), 1173.
[13] ROSENTHAL, A., JUNG, R., HUNGER, H.-D.: Gene (1986), in press.
[14] RUBIN, C. M., SCHMID, C. W.: Nucleic Acids Res. 8 (1980), 4613.

Vektoren für den Gentransfer in Säugersystemen

STRAUSS, M., KIESSLING, U., PLATZER, M.

Akademie der Wissenschaften der DDR
Zentralinstitut für Molekularbiologie, Abteilung Virologie
DDR-1115 Berlin-Buch, Robert-Rössle-Str. 10

Die Nutzung der tierischen Zelle als Produzent biologisch wirksamer Substanzen, wie Hormone, Interferone und virale Antigene, besitzt potentielle biotechnologische Bedeutung vor allem für die Produkte, bei denen nach mikrobieller Synthese keine volle biologische Wirksamkeit erwartet werden kann. Dies trifft besonders auf glykosilierte Proteine zu. Um die genetisch manipulierte Säugerzelle gegenüber der mikrobiellen Kultur wirtschaftlich konkurrenzfähig zu machen, sind mehrere grundlegende Voraussetzungen zu schaffen, wie z. B. Langzeitkultur in kostengünstigen synthetischen Medien und Konstruktion effektiver Expressionsvektoren, die eine permanente maximale Synthese sowie die kontinuierliche Sezernierung des Genproduktes erlauben.
An der Entwicklung von Vektoren für tierische Zellen wurde unter folgenden 4 Gesichtspunkten gearbeitet:

1. Herstellung integrativer Vektoren, die nach der Integration als Einzelkopie in das Empfängergenom durch Selektionsdruck amplifiziert werden können [1]. Im Vordergrund steht hierbei die Nutzung des HSV-tk Gens und des dhfr-Gens.
2. Entwicklung von stabil episomal persistierenden Vektoren, die vom Rinderpapillomvirus (BPV-1) abgeleitet sind. Im Zuge der beschriebenen Experimente gelang die vollständige Trennung der DNA-Sequenzen, die für die maligne Transformation einerseits und den episomalen Zustand andererseits verantwortlich sind. Es stehen jetzt Vektoren zur Verfügung, die in verschiedenen tierischen Zellinien als Episom etabliert werden können, aber nicht mehr in der Lage sind, die Wirtszellen maligne zu transformieren.
3. Weiterentwicklung von Vektoren, die eine regulierte Expression des klonierten Gens erlauben. Unter Verwendung des durch Glukokortikosteroide regulierten Promoters aus dem LTR des Retrovirus MMTV und den Tumorgenen des Polyomavirus wurden Hybridgene konstruiert, die eine regulierbare Transformation tierischer Zellen ohne ausgeprägte Wirtsspezifität ermöglichen.
4. Aufbau von Helferzellinien, welche die zur Replikation von Plasmiden mit den Replikationssequenzen verschiedener Viren erforderlichen Genprodukte kontinuierlich

produzieren. Derartige Zellinien werden von mehreren Tierspezies hergestellt und hinsichtlich ihrer Eignung zur Langzeitkultivierung getestet. Linien mit prinzipiell niedrigem Serumbedarf können über mehrere Monate in der Monolayer-Rollerkultur mit regelmäßigem Wechsel von serumhaltigem und serumfreiem Medium gehalten werden.

Weiterhin wurden Gentransfermethoden (Kalziumphosphat-Kopräzipitation und Mikroinjektion) und verschiedene Selektionssysteme hinsichtlich ihrer Effektivität verglichen. Danach ist das bakterielle Neomyzinresistenz-Gen (neo) mit dem tk-Promotor dem kompletten tk-Gen bei beiden Transfermethoden um mehr als eine Größenordnung überlegen [2].

Literatur

[1] Strauss, M., Kiessling, U., Kähler, R.: Molec. Gen. Genet. **191** (1983), 154.
[2] Strauss, M., Kiessling, U., Zavision, B. A., Povitza, O. N., Tikhonenko, T. I., Geissler, E.: Biomed. Biochim, Acta **42** (1983) 7/8, K 27.

Molekulare Grundlagen der Sekretion von Proteinen in pro- und eukaryontischen Systemen

Wiedmann, M.[1], Huth, A.[1], Prösch, S.[2], Schlenstedt, G.[1], Rapoport, T. A.[1]

[1] Akademie der Wissenschaften der DDR, Zentralinstitut für Molekularbiologie
DDR-1115 Berlin, Rösslestraße 10
[2] Humboldt-Universität Berlin, Institut für Virologie des Bereiches Medizin
DDR-1040 Berlin, Schumannstraße 20/21

Die meisten Sekreteiweiße werden als Precursorproteine mit einer N-terminalen hydrophoben Signalsequenz synthetisiert. Die Signalsequenz wird in eukaryontischen Zellen vom SRP (Signal Recognition Particle) erkannt, und in vitro kommt es zu einem Translationsarrest. Dessen Aufhebung erfolgt erst durch den am rauen ER befindlichen SRP-Rezeptor, wodurch der Komplex aus mRNA, Ribosom und Peptidkette membranständig geworden ist [1, 2].
Eukaryontische Signalsequenzen bewirken die Translokation von Proteinen durch die innere Membran von *E. coli* ins Periplasma [3], und umgekehrt kann die Signalsequenz der β-Lactamase von *E. coli* in vitro durch Hundepankreas-SRP erkannt und durch die ER-Membran transportiert werden [4, 5].
Die Frage sollte geklärt werden, ob die Signalsequenz ein ausreichendes topogenes Signal für die Sekretion aus einer Eukaryontenzelle darstellt oder ob weitere Signale notwendig sind.
Als eukaryontische Testzelle wurde die Xenopusoocyte und die vom Plasmid pBR322 kodierte β-Lactamase als Testprotein gewählt. Das Oocytensystem ermöglicht die Injektion von Fremdmessengern und den einfachen Nachweis der Sekretion. Durch in vitro Transkription und „Capping" des Plasmids kann eine spezifische prokaryontische Sekret-mRNA erzeugt werden, die in eukaryontischen zellfreien Systemen effizient translatiert wird [5]. Das prokaryontische Protein sollte nicht an den komplexen Sekretionsapparat der Eukaryontenzelle adaptiert sein und somit ein ideales Testobjekt für die Notwendigkeit weiterer topogener Signale darstellen.

Wir konnten die Sekretion von β-Lactamase aus Oocyten sowohl durch enzymatischen Test wie auch durch SDS-Gelelektrophorese nachweisen [5]. Es wurden 3×10^{10} Moleküle pro Oocyt in 24 h sezerniert, womit Durchschnittswerte von eukaryontischen Sekretproteinen erreicht wurden.
Zusammenfassend kann festgestellt werden: Befindet sich ein lösliches Protein im Lumen des rER, so wird es sezerniert, es sei denn, es trägt topogene Signale für eine andere Lokalisation, wie das der Fall für lysosomale Fibroblastenenzyme ist (Mannose-6-phosphat-Rezeptor-Weg).

Literatur

[1] BLOBEL, G.: Gold Spring Habor Symp. Quant. Biol. **46** (1982), 7.
[2] RAPAPORT, T. A., WIEDMANN, M.: Current Toppics in Membrane and Transport **24** (1985), 1.
[3] TALMADGE, K., STAHL, S., GILBERT, W.: Proc. Natl. Acad. Sci. U.S.A. **77** (1980), 3369.
[4] MÜLLER, M., IBRAHIMI, I., CHANG, C. N., WALTER, P., BLOBEL, G.: J. Biol. Chem. **257** (1982), 11860.
[5] WIEDMANN, M., HUTH, A., RAPAPORT, T. A.: Nature (London) **309** (1984), 637.

Analyse von zwei Legumin-Genfamilien der Ackerbohne (Vicia faba L.)

WOBUS, U., BÄUMLEIN, H., BASSÜNER, R., JUNG, R., MÜNTZ, K., SAALBACH, G., WESCHKE, W.

Akademie der Wissenschaften der DDR
Zentralinstitut für Genetik und Kulturpflanzenforschung
DDR-4325 Gatersleben, Corrensstraße 3

Summary

DNA clones representing two subfamilies A and B of legumin genes and a recombinant phage containing a complete legumin B gene have been isolated and characterized by DNA sequencing. A DNA fragment harbouring the legumin B gene and adjacent sequences was used for Ti-mediated transfer into tobacco cells.

Pflanzliche Samenproteine sind ernährungsphysiologisch unbalanciert. Die negative Korrelation zwischen dem Gehalt der betreffenden limitierenden essentiellen Aminosäure im Samenprotein und dem Proteingehalt der Samenkörner ist der Hauptgrund dafür, daß eine züchterische Verbesserung der ernährungsphysiologischen Qualität der Sameneiweiße in anbauwürdigen Sorten von Getreide und Körnerleguminosen bisher nicht gelungen ist. Gentechnische Manipulationen böten einen Ausweg. Sie setzen voraus: (a) Isolation und Strukturaufklärung der Samenproteingene, (b) deren gentechnische Modifikation, (c) Rückführung der manipulierten Gene in die Pflanze, (d) regulierte Expression der transferierten Gene und weitere züchterische Bearbeitung der manipulierten Pflanzen. Ein entsprechendes Versuchsprogramm wurde bei der Ackerbohne begonnen.
Zwei polymorphe Proteine stellen den Hauptanteil der Reserveproteine des Ackerbohnensamens: Legumin und Vicilin. Legumin, auf das sich die Untersuchungen konzentrieren, besteht aus $6\alpha/\beta$-Kettenpaaren, die von jeweils einem Gen codiert werden [1]. Ausgehend von poly(A)$^+$-RNA der Cotyledonen wurden cDNA-Klone hergestellt, die

Gensequenzen aller häufigen Samenproteine repräsentieren. Hybridisierungs- und Sequenzanalysen zeigten erstmals die aus Proteinanalysen [2] vorausgesagte Existenz von zwei distinkten Legumin-Genfamilien im V. faba-Genom. Diagnostisches Merkmal ist das Vorhandensein (Legumin A-Gene) oder Fehlen (Legumin B-Gene) von internen Methionin-Codonen. Ein Vergleich der β-Ketten von A- und B-Type-Sequenzen weist Bereiche hohen und nierdrigen Homologiegrades aus, woraus sich Hinweise auf evolutionär konservative und damit funktionell besonders bedeutsame Sequenzabschnitte ergeben, die bei einer Sequenzmodifikation ausgespart werden müssen.
Zwecks Aufklärung der genomischen Struktur der Samenproteingene wurden ca. 2 Millionen rekombinante Phagen durch Einbau von partiell mit EcoRI gespaltener V. faba-DNA in den Vektor Charon 4A erzeugt und mehrere Phagen mit Legumin β-Sequenzen selektiert [3]. Ein Gen wurde vollständig sequentiert, einschließlich 5'- und 3'-flankierender Sequenzen. Das Gen besitzt je ein kleines Intron im Codierungsbereich der α- und β-Kette, einen für ein Signalpeptid codierenden Abschnitt und eine Reihe in den meisten Eukaryotengenen gefundene, für Transkription, „processing" und Translation notwendige Sequenzabschnitte. Teilsequenzen eines zweiten Legumin B-Genes weisen dieses infolge einer großen, internen Deletion als Pseudogen aus.
Das intakte Legumin B-Gen nebst flankierenden Sequenzen wurde in die Ti-Plasmid-Vektoren pGV3850 und pGV3851 [4] eingebaut und zur Transformation von Tabakpflanzen eingesetzt. Ergebnisse stehen noch aus.

Literatur

[1] MÜNTZ, K.: Biol. Rdsch. 22 (1984), 205.
[2] HORSTMANN, C.: Phytochem. 22 (1983), 1861.
[3] WOBUS, U., BÄUMLEIN, H., BASSÜNER, R., HEIM, U., JUNG, R., PANITZ, R., SAALBACH, G., WESCHKE, W.: Kulturpflanze (Bln) 32 (1984), 117.
[4] ZAMBRYSKI, P., JOOS, H., GENETELLO, G., LEEMANS, J., VAN MONTAGU, M., SCHELL, J.: EMBO J. 2 (1983), 2143.

Molecular Evolution of Plastoms of Different Higher Plants — Plastid-DNA-Polymorphism and Cross-hybridization

BALDAUF, F., TRÖBNER, W., STEINER, K., FRITZSCHE, K., METZLAFF, M.

Martin-Luther-University Halle, Department of Genetics, Section of Biosciences
DDR-4020 Halle, Domplatz 1

The progress in ptDNA analysis is much faster than the progress in nuclear DNA analysis. This makes the chloroplast genome particularly well suited for comparative restriction analysis as a method of assessing evolutionary relationships among plants. The chloroplast genome of higher plants consists of a single molecular species, which is sufficiently small to permit resolution of all the fragments still large enough to allow rapid sampling of many restriction sites by using a moderate number of enzymes. The high degree of base sequence conservation of chloroplast DNA within coding regions, should facilitate comparisons of chloroplast genomes from widely divergent plants. In our studies we have used restriction enzyme analysis of chloroplast DNA to explore the evolution of species in the agricultural important genus *Beta*. We have examined

three sections of the genus *Beta* — *Beta, Procumbentes, Corollinae*. The degree of relationship, we found, correspond extensive to the taxonomic organization. The very low evolution rate permits the classification on the level of species only in some cases.
The genus *Pelargonium* shows also a remarkable genetic variability as reflected by morphological heterogeneity. We analyzed whether there is a corresponding variability within the plastomes of this genus. We found remarkable differences. In addition there are also intraspecific variations observed in *P. zonale*. The intraspecific differences seem to be mostly caused by nucleotid sequence inhomologies.
We have found another example for intraspecific plastome variation by restriction enzyme analysis of the plastid DNA of two varieties within the species *Capsicum annuum*. Using different restriction enzymes several sequence polymorphisms could be observed in the patterns of the two plastid DNAs.

Acta Biotechnol. 6 (1986) 1, 43

2. Heiligenstädter Kolloqium „Wissenschaftliche Geräte für die Biotechnologie" 29. 10.—1. 11. 1984

PÖHLAND, D.

Akademie der Wissenschaften der DDR
Institut für Biotechnologie
DDR - 7050 Leipzig, Permoserstraße 15

Im Oktober 1984 wurde das 2. Heiligenstädter Kolloquium vom Zentrum für wissenschaftlichen Gerätebau der Akademie der Wissenschaften der DDR durchgeführt. Veranstalter war der Betriebsteil „mytron" in Heiligenstadt. Der Einladung waren rund 150 Wissenschaftler aus Forschungseinrichtungen, Hochschulen und aus der Industrie gefolgt. Gäste aus der UdSSR und Bulgarien stellten in Vorträgen Ergebnisse ihrer Forschungsarbeiten vor.

Mit dem Heiligenstädter Kolloquium wurde ein Forum geschaffen, auf dem Forschungseinrichtungen Ergebnisse ihrer Arbeiten zur Entwicklung von Meßgeräten und Apparaturen vortragen, Erfahrungen bei der Anwendung eigener und kommerzieller Geräte darstellen und Anforderungen an zukünftige Entwicklungen von Meßgeräten und Apparaturen für Forschungszwecke formulieren können.

Die Vorträge in den Sektionen umfaßten Einschätzungen zum erreichten Stand und zu zukünftigen Entwicklungsrichtungen, Modellierungsaufgaben des Wachstums und der Produktbildung, Grundlagen und Konzeptionen zur Steuerung von kontinuierlichen, diskontinuierlichen und fed-batch-Prozessen, Weiterentwicklungen an Meßgeräten und Laborfermentoren, Erfahrungen mit neuen Meßmethoden wie Durchflußzytometrie, Pikosekundenlaserlichtimpulse, biologische Sensoren u. a.

Entwicklungsforderungen bezogen sich auf Apparaturen zur Durchführung von Zell- und Gewebekulturzüchtungen, Lichtfermentationen, anaeroben Züchtungen und Feststoff-Fermentationen einschließlich der meßtechnischen Ausrüstungen.

In der Poster-Ausstellung wurden Ergebnisse der Nutzung von Labor- und Lichtfermentoren aus der Produktion von „mytron" Heiligenstadt zur Produktsynthese mit Bakterien, Hefen, Pilzen und pflanzlichen Zellkulturen von Anwendern dargestellt.

Forschungseinrichtungen der Akademie der Wissenschaften der DDR und Hochschulen informierten in Postern über Entwicklungen von Meßgeräten zur Bestimmung von z. B. Ammoniak, Alkoholen, Wasserstoff, Biomasse, Reaktionswärme und Apparaturen zur Gasbilanzierung und Trennung von biologischen Materialien von der flüssigen Phase unter sterilen Bedingungen.

Die Mitarbeiter von „mytron" Heiligenstadt stellten Weiterentwicklungen auf den Gebieten der Fermentationstechnik durch Einführung eines hochinstrumentierten, rechnergestützten Laborfermentorsystems, eine Vervollkommnung von Begasungsbrutschränken mit Umwälzungszüchtungseinrichtungen, der Trenntechnik mittels Ultrafiltration, der Steriltechnik u. a. durch Fertigung von variabel einsetzbaren Laminarsicherheitsboxen dar.

Die Teilnehmer des 2. Heiligenstädter Kolloquiums begrüßten die Ankündigung des Veranstalters, die erfolgreiche Veranstaltungsreihe mit der Durchführung des 3. Heiligenstädter Kolloquiums im Herbst 1986 fortzusetzen.

Acta Biotechnol. 6 (1986) 1, 44

Book Reviews

J. S. SHELL, P. STARLINGER

The Impact of Gene Transfer Techniques in Eukaryotic Cell Biology

Berlin, Heidelberg, New York, Tokyo: Springer-Verlag, 1984. 209 S., 76 Abb., 96 DM

Das Buch ist in 5 Problemkreise unterteilt. Im 1. Kapitel des ersten Problemkreises beschäftigt sich WINNACKER mit der „synthetischen Biologie". Er gibt einen sehr verständlichen Überblick über die chemische DNA-Synthese und die Anwendungsmöglichkeiten ihrer Ergebnisse nicht nur in eukaryontischen Zellsystemen.

Die 3 anderen Kapitel zum Problemkreis Einführung von DNA in tierische Zellen und ihre Nutzung zum Studium der Genfunktion befassen sich mit alternativen Klonierungsmethoden von menschlichen Genen, mit der Rolle der Enhancer als Kontrollelemente der Transkription und mit der Flexibilität der DNA-Doppel-Helix-Konformation.

Im zweiten Problemkreis werden DNA-Rearrangements, und zwar an den Beispielen: antivirale Variationen an afrikanischen Trypanosomen, Pflanzentransposons TAM 1, TAM 2 und Spm 18 und den mobilen genetischen Elementen und ihrer möglichen Nutzung bei Drosophila, behandelt.

Der dritte Problemkreis beschäftigt sich mit dem „genetic engineering" in Pflanzen. Dazu stellt J. SCHELL mit einer Reihe von Co-Autoren im 1. Kapitel sehr umfassend die vorhandenen Erkenntnisse zum Ti-Plasmid dar.

Das letzte Kapitel befaßt sich mit dem vielversprechenden Gentransfer in lebenden Organismen. Der umfangreiche Problemkreis beschäftigt sich mit der Anwendung des vorher dargestellten. Die Auswahl reicht von Resistenzen in höheren Pflanzen über Herbizidresistenzen, Vaccine von FMDV bis zur Expression einer Protease von FMDV in *Escherichia coli.* Die Herausgeber waren bemüht, zu diesem weitgefächerten und sich rasch entwickelnden Gebiet einen repräsentativen Überblick zu ermöglichen. So unterschiedlich die Artikel auch in ihrer Anlage und ihrem Inhalt sind, so lassen sie doch alle das Bemühen erkennen, neuesten Wissensstand und Anregungen für weitere Diskussionen und Untersuchungen zu bieten.

Ein weiteres Plus stellen die fundierten Literaturverzeichnisse am Schluß jedes Kapitels dar.

Dieses Buch wird sicher nicht nur von Genetikern mit Gewinn gelesen werden.

E. Spanier

E.-L. WINNACKER

Gene und Klone
Eine Einführung in die Gentechnologie

Weinheim: VCH Verlagsgesellschaft, 1985. 454 S., 70 DM

In den letzten zehn Jahren hat die Gentechnologie eine stürmische Entwicklung genommen. Mit dem Buch liegt erstmals eine umfassende Darstellung dieses jungen Wissenschaftszweigs vor.

In anschaulicher Weise werden alle wesentlichen Schritte der Klonierung von Genen und die Besonderheiten verschiedener Systeme (Bakterien, Hefen, Pflanzen) beschrieben. Neben den molekularen Grundlagen und verschiedenen methodischen Fragen legt der Autor besonderen Wert auf die Besprechung zahlreicher Anwendungsbeispiele.

Die Gliederung des Buches erfolgt in die Kapitel:

Isolierung, Identifizierung und Charakterisierung von DNA-Fragmenten; Verknüpfen von DNA-Fragmenten; Vektoren in *E. coli*; Klonieren in Hefen; Klonieren in grampositiven Bakterien; Expressionsvektoren in Prokaryoten; Eukaryotische Vektoren; Genbanken; Klonieren in Pflanzen; Identifizierung rekombinanter DNA; Gezielte Mutagenese; Sicherheitsaspekte.

Die Publikation zeichnet sich durch eine gut verständliche Sprache und reichhaltige Illustrationen aus. Umfangreiche Literaturverzeichnisse am Ende der Kapitel erleichtern die weiterführende Lektüre über spezielle Probleme. Ein Anhang enthält die DNA-Sequenzen des Plasmids pBR 322 und des Affenvirus SV 40 sowie die Richtlinien der BRD zum Schutz vor Gefahren durch in vitro neukombinierte Nukleinsäuren.

Das vorliegende Buch wird einen breiten Leserkreis finden. Aufgrund der übersichtlichen Darstellung ist es ausgezeichnet als Lehrbuch für Studenten biologischer Disziplinen geeignet. Wissenschaftlern benachbarter Gebiete, die sich in die Gentechnologie einarbeiten wollen, kann es als Leitfaden dienen. Aber auch der Spezialist wird nützliche Anregungen für seine Arbeit erhalten.

J. Engel

Acta Biotechnol. 6 (1986) 1, 45–53

Modelling Oscillatory Behavior in Batch Fermentations

LENBURY, Y.[1], STEPPAN, J. J.[2], PARK, D.-H.[2], TANNER, R. D.[2]*

[1] Department of Mathematics
Vanderbilt University
Nashville, Tennessee 37235, U.S.A.
[2] Chemical Engineering Department
Vanderbilt University
Nashville, Tennessee 37235, U.S.A.

Summary

A batch fermentation is modelled with constant and variable yield terms. It is shown that the model cannot exhibit oscillations if a constant yield term is used. Oscillations in the cell concentration, but not in the limiting substrate concentration, can be simulated if a variable yield function of the limiting substrate is used. Conditions, for which the variable yield needs to satisfy in order to generate oscillations in the cell concentration, are discussed. The primary condition is that the yield must become zero at the same time that the specific growth rate does. Experimental results exhibiting oscillatory behavior are presented and compared with the proposed model.

Introduction

Oscillatory phenomena are widespread throughout nature and appear frequently in enzymatic reactions [1]. Such oscillatory behavior has been observed consistently in both batch and continuous fermentation processes [1–3]. BONOMI et al. [4] observed oscillatory behavior during anaerobic batch fermentations of Baker's yeast on a high glucose-synthetic medium. The oscillations in cell concentration seem to be most pronounced in their fourth reported batch case which is reproduced in Fig. 1. Such oscillatory behavior is conventionally fitted with a smooth exponentially increasing function. The smooth function adequately describes the system for most design and control applications. However, scale up from small batch fermenters to large commercial batch reactors utilizing microorganisms poses difficulties which may be attributed to the neglect of such deviations from the smooth curve.
Oscillatory behavior in microbial growth is not well understood but is believed to be an inherent characteristic of cell metabolism [5]. In the case of yeast growing in a batch fermenter, we can conceive of oscillation in the cell concentration as follows. As cell growth reaches a certain level the growth rate may be greatly reduced while the substrate is still consumed to form intermediate products (ethanol) or to provide energy for the so-called „maintenance purpose". A culture may thus enter into the stationary phase. The cell appears to be unstable when growth stops. Cessation of growth seems to immediately initiate a sequence of changes in the structure and function of the organism [6]. The decline phase, characterized by autolysis and a decrease in the biomass, may commence after a stationary phase or immediately after growth ceases. Since the cell

* To whom the correspondence should be addressed.

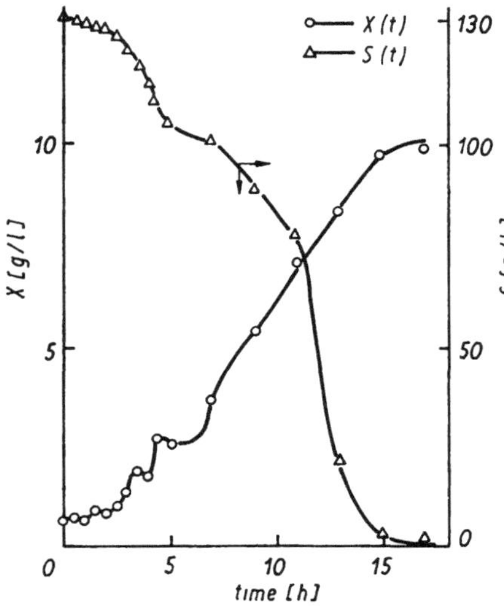

Fig. 1. Growth of *S. carlsbergensis* in a batch fermenter at a pH of 4.5. Data of BONOMI et al. [4]. Figure taken from reference [1].

level has dropped, there is a greater availability of substrate per cell. The cells have had time to adjust to concentration gradients between cell and its exterior and the cell level begins to rise again.

In this paper, experimental batch fermentation results demonstrating oscillatory behavior are presented. The substrate and microorganism utilized were glucose and either *Saccharomyces carlsbergensis* (Brewer's yeast) or *Saccharomyces cerevisiae* (Baker's yeast), respectively. We attempt to model these oscillatory phenomena by using the following system of ordinary differential equations (the MONOD model):

$$\frac{dX}{dt} = \mu(S)\, X, \qquad X(0) = X^* \tag{1a}$$

$$\frac{dS}{dt} = \frac{-\mu(S)}{Y}\, X, \qquad S(0) = S^* \tag{1b}$$

Here, $X(t)$ represents the concentration of cells at time t; $S(t)$, the limiting substrate or nutrient concentration at time t; $\mu(S)$, the specific growth rate of cells; and Y represents the cell to substrate yield. $\mu(S)$ is assumed to be a continuously differentiable function of S.

This paper will show that oscillations in the cell concentration can only occur if the yield, Y in Equation (1), is allowed to be variable so that it may become zero at the same time that $\mu(S)$ does. Secondly, it will be shown that the substrate concentration, S, in Equation (1) remains monotonic (that is, $\frac{dS}{dt} \leqq 0$ if $\mu(S^*) \geqq 0$, or $\frac{dS}{dt} \geqq 0$ if $\mu(S^*) \leqq 0$, for all time) if the yield depends explicitly on substrate concentration alone. Physically, a variable Y can include the maintenance energy term (substrate utilization without growth) along with the yield relating substrate utilization with growth. An example of such a $Y(S)$ is PIRT's equation [6], with the specific growth rate term expressed as a function of the substrate concentration. The yield term could also include the effect of product formation as well.

Results and Discussion

Constant Yield Case

It will be shown that solutions of Equation (1) can not be periodic in time for the case of a constant yield, $Y \equiv C_1$, where C_1 is a constant.
Adding Equations (1a) and (1b), one obtains:

$$\frac{dX}{dt} + Y\frac{dS}{dt} = 0. \tag{2}$$

Integrating Equation (2) with respect to time, we find

$$X(t) + YS(t) = C_2 \tag{3}$$

where C_2 is a constant. One can see that the trajectory of solutions to Equation (1) must lie on the straight line,

$$X = -YS + C_2 \tag{4}$$

If one was to have periodic solutions then the solutions would have to oscillate on this line. In particular, one would have points such that

$$\frac{dX}{dt} = -Y\frac{dS}{dt} = 0 \tag{5}$$

This means that $\frac{dX}{dt} = \frac{dS}{dt} = 0$ at those points, since Y is a non-zero constant. Let this occur at the point (X_0, S_0), at time t_0. Then the following system must be solved for $t \geqq t_0$.

$$\frac{dX}{dt} = \mu(S)\,X, \qquad X(t_0) = X_0 \tag{6a}$$

$$\frac{dS}{dt} = \frac{-\mu(S)\,X}{Y}, \qquad S(t_0) = S_0 \tag{6b}$$

Note that $\mu(S_0) = \frac{1}{X_0}\frac{dX}{dt}(t_0) = 0$ when $X_0 \neq 0$. Thus, $X(t) \equiv X_0$, $S(t) \equiv S_0$, for al $t \geqq t_0$ is a solution to Equation (6).
According to a fundamental theorem for systems of first order differential equations [7], the above system (6) has a unique solution satisfying the given initial condition since it is assumed that $\mu(S)$ is continuously differentiable. Thus, the solution to Equation (6) is exactly

$$X(t) \equiv X_0 \tag{7a}$$

$$S(t) \equiv S_0 \tag{7b}$$

for $t \geqq t_0$.
This means that once $\frac{dX}{dt} = \frac{dS}{dt} = 0$ at t_0 the solution becomes constant at (X_0, S_0) for later times $t \geqq t_0$ (see a typical simulation depicted in Fig. 2 where $t_0 \approx 3.5$). Thus, $\frac{dX}{dt}$ and $\frac{dS}{dt}$ never change signs because they must past through zero in order to do so, and the above analysis shows that once they reach zero they stay there.

We conclude, therefore, that with a constant Y, the model cannot generate oscillations. This result has previously been shown by P. S. CROOKE et al. for the case of continuous fermentation processes [8]. $\frac{dX}{dt}$ remains non-negative while $\frac{dS}{dt}$ remains non-positive for all time (in the case that $\mu(S^*) > 0$). In other words, $X(t)$ and $S(t)$ are monotone functions (see Fig. 2 and 3), even though $\mu(S)$ may be, in itself, oscillatory.
Experimental results of a Baker's yeast batch fermentation process with glucose as the substrate, performed at a pH of 5 and a temperature of 32 °C, are presented in Fig. 4. Oscillatory behavior was observed in this particular run, which had a 5% carbon dioxide-nitrogen gas mixture sparged through the fermentation mash at a flow rate of 1.4 VVM (volume of gas per volume of liquid broth). Though the $X(t)$ curve in Fig. 3 resembles

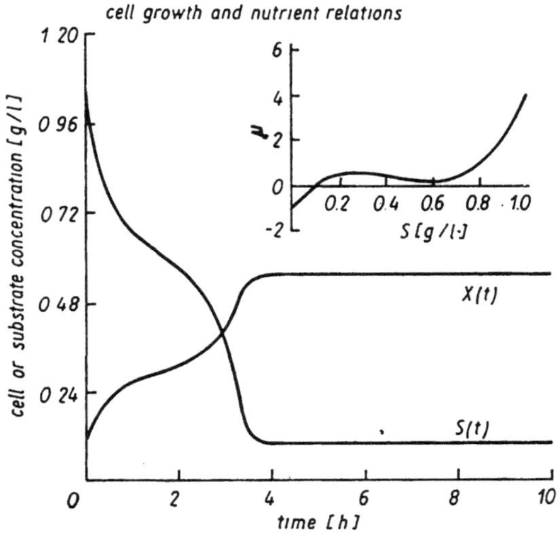

Fig. 2. Numerical solution to (6) with $Y = 0.5$ and $\mu(S) = -1 + 13.33S - 35S^2 + 26.67S^3$.

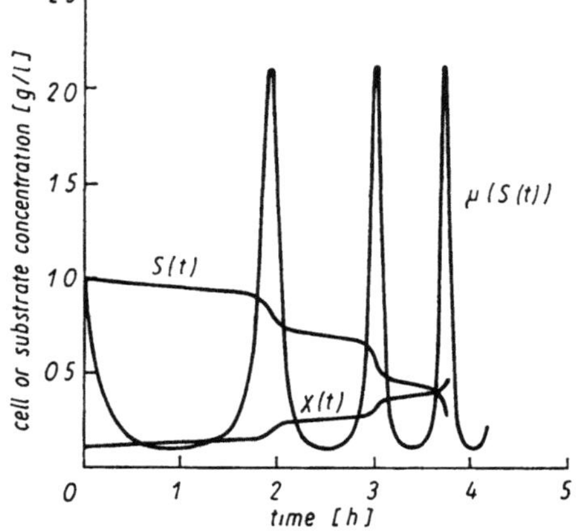

Fig. 3. Numerical solution to (6) with $Y = 0.5$ and $\mu(S) = 1.1 + \sin(25S)$.

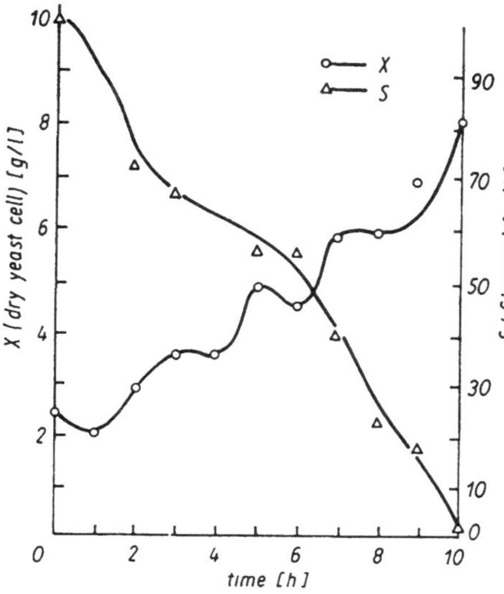

Fig. 4. Experimental oscillatory behavior for Baker's yeast batch fermentations at 32 °C, a *pH* of 5, and 5% CO_2 in nitrogen sparged through the liquid broth at a flow rate of 1.4 VVM. This fermentation process is discussed more fully in reference [9].

the curve in Fig. 4, the latter shows „negative growth" at various stages of the fermentation which suggests that a qualitatively better model than the one with a constant yield is needed.

Variable Yield Case

Since real batch fermentation data exhibit oscillations, we propose that the model needs a non-constant yield to describe the undulations. Let us then suppose that Y is a function of S, $Y \equiv Y(S)$. Then, for any zero $S_0 = S(t_0)$ of $\mu(S)$, we can have

$$\frac{dX}{dt}(t_0) = \mu(S_0)\, X = 0$$

but

$$\frac{dS}{dt}(t_0) \neq 0. \tag{8}$$

That is, $\frac{dX}{dt}$ and $\frac{dS}{dt}$ need not become zero simultaneously as in the constant yield case. $\frac{dX}{dt}$ can change signs without $\frac{dS}{dt}$ becoming zero at t_0. X may then oscillate and does not remain fixed at $X_0 = X(t_0)$ for $t \geqq t_0$.

Since $Y(S_0)\frac{dS}{dt}(t_0) = \frac{dX}{dt}(t_0) = 0$, in order for (8) to occur we need $Y(S_0) = 0$. In other words, we must have

$$\lim_{S \to S_0} \frac{\mu(S)}{Y(S)} \neq 0, \tag{9}$$

with S_0 being a zero of $\mu(S)$, or we would not have oscillations in X or S for $t \geqq t_0$. This means that $Y(S)$ must become zero at the same time that $\mu(S)$ does.
Now, we consider the following two cases:

a) $\frac{\mu(S)}{Y(S)} \equiv C_3$, where C_3 is a non-zero constant, is the simplest form for $Y(S)$ for which (9) is satisfied. Then,

$$Y(S) \equiv \frac{1}{C_3}\,\mu(S)$$

and Y and μ have the same zeros.
We note that if $C_3 > 0$ then

$$\frac{dS}{dt} = -C_3X < 0 \tag{10}$$

and S is monotonically decreasing.

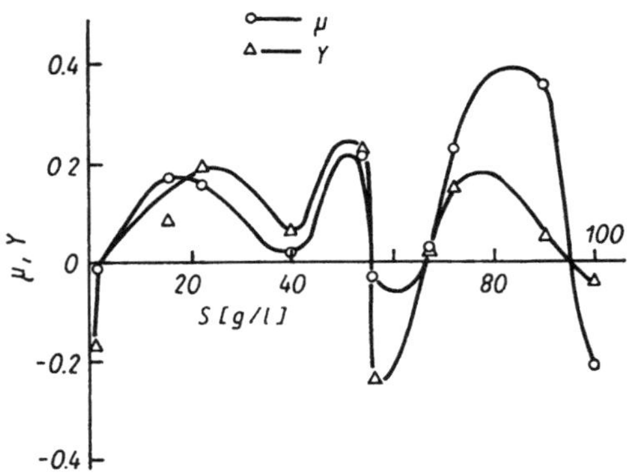

Fig. 5. An example of $Y(S)$ and $\mu(S)$ satisfying the requirement (9) and having the same zeros exactly. Y and μ shown here have been developed from Fig. 4, plotted as a function of the limiting substrate (glucose) concentration. These curves resemble those of μ and Y previously developed by TANNER [1] from data of Fig. 1.

The functions, μ and Y, have been developed from the data given in Figure 4 and plotted as functions of the limiting substrate in Fig. 5. Though μ and Y have the same zeros exactly, we note that $\frac{\mu(S)}{Y(S)}$ is non-constant for the data shown in Fig. 5.
In Fig. 6, simulated solutions for $X(t)$ and $S(t)$ starting at $S(0) = 1$, $X(0) = 1$, are plotted for the case where $C_3 = 0.5$ and

$$\mu(S) \equiv 0.1 + \frac{0.5}{0.1 + S} \cos 16\pi\, S \tag{11}$$

which is sinusoidal (see inset of Fig. 6), chosen for convenience and to resemble the curve of $\mu(S)$ in Fig. 5 which was developed from experimental data. X is seen to oscillate while S decreases monotonically as expected. This compares qualitatively quite well with the actual data in Fig. 4.

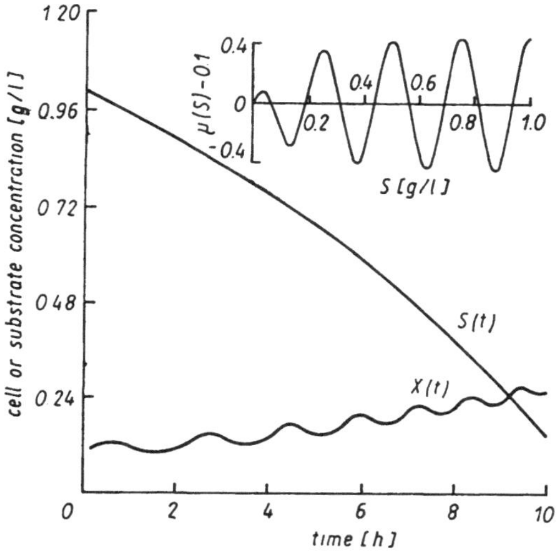

Fig. 6. Simulated oscillations in $X(t)$ using $\mu(S) = 0.1 + \dfrac{0.5S}{0.1 + S} \cos(16\pi S)$ and $\dfrac{\mu(S)}{Y(S)} = 0.5$.

b) $\dfrac{\mu(S)}{Y(S)} = F(S)$, where $F(S)$ is assumed to be continuously differentiable, is a more general form for $\mu(S)$ and $Y(S)$.

We will show in this case that the model can generate oscillations only in X but not in S(as was the situation when $\dfrac{\mu(S)}{Y(S)}$ = constant). To do this, let us suppose, by way of contradiction, that S oscillates in time. Then there must be a point $S_1 = S(t_1)$ at which $\dfrac{dS}{dt}(t_1) = \dfrac{\mu(S_1)}{Y(S_1)} X = 0$ and $\dfrac{dS}{dt}$ changes signs.

Now, it has already been pointed out that we can have no oscillations, and hence no sign changes in $\dfrac{dS}{dt}$, for $t \geqq t_0$ unless

$$\lim_{S \to S_0} \frac{\mu(S)}{Y(S)} \neq 0,$$

with $S_0 = S(t_0)$ being a zero of $\mu(S)$. This means that the point S_1 must be different from S_0, any zero of $\mu(S)$.

Let $X_1 = X(t_1)$. Then, for $t \geqq t_1$, we have to solve the following system:

$$\frac{dX}{dt} = \mu(S)\, X, \qquad X(t_1) = X_1 \tag{12a}$$

$$\frac{dS}{dt} = \frac{-\mu(S)}{Y(S)} X, \qquad S(t_1) = S_1 \tag{12b}$$

We note that

$$\begin{aligned} X(t) &\equiv X_1 \, e^{\mu(S_1)(t-t_1)} \\ S(t) &\equiv S_1 \end{aligned} \tag{13}$$

is a solution of the above system of ordinary differential equations (12) and the associated initial conditions. Thus, (13) must be the solution of (12), since the solution of (12) must be unique [7].
This means that S becomes fixed at the value S_1 after the time t_1, once $\frac{dS}{dt}$ becomes 0. This contradicts the hypothesis that S oscillates in time. Fig. 7 shows numerical simulation of the case with $\mu(S)$ as in (11) and $\frac{\mu(S)}{Y(S)}$ having a zero at S_1 different from zeros S_0 of $\mu(S)$. $X(t)$ oscillates up to the time t_1 then grows exponentially (in the case that $\mu(S_1) > 0$) while S becomes fixed at S_1 for $t \geqq t_1$. The $X(t)$ curve here compares very well with the real data in Fig. 4.
When compared with Bonomi et al.'s data (Fig. 1), it appears that our model in this case resembles the real data in the early time period (approximately, $t \leqq 9$ hours in Fig. 1). This seems to suggest the use of a mixture of more than one model; that is, use the model simulated in Fig. 7 (variable Y) for $t < 9$ hours then use the constant yield model simulated in Fig. 2 for later times $t \geqq 9$ hours.

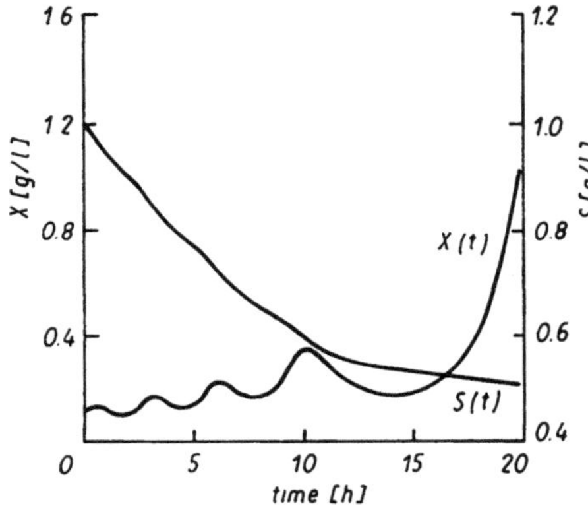

Fig. 7. Numerical simulation of (1) with $\mu(S)$ as in Fig. 6, and $\frac{\mu(S)}{Y(S)} = S - S_1$, $S_1 = 0.5$.

Conclusions

In this paper we have attempted to model batch fermentations starting from the well-accepted Monod fermentation model for a batch system. A case by case study of the effect the yield term has on the model reveals conditions which the cell to substrate yield Y needs to satisfy in order to generate oscillations in the cell concentrations. It was shown that oscillations in the cell concentration can be generated only if Y is allowed to be variable. Our analysis and simulations, supported by experimental data, confirm that oscillations can be simulated in the cell concentration only and not in the substrate concentration if Y and μ are functions of S alone.

Acknowledgements

Appreciation is extended to Dr. Philip S. Crooke for his careful reviews and suggestions concerning this paper, and to Timothy A. Franklin for his contribution to the discussion and simulation reported in this paper. This study was supported by the National Science Foundation (Grant No. CPE-81209945) in conjunction with the NSF United States-Taiwan Cooperative Science Program.

Received March 4, 1985

References

[1] TANNER, R. D.: Departures from the MONOD Fermentation Growth (Kinetic) Model. Seventh International Biotechnology Symposium, New Delhi, India, 1984. Proceedings of the Meeting: Biotechnology and Bioprocess Engineering, Editor: T. K. GHOSE. Indian Institute of Technology, Delhi 1985, pp. 103–117.

[2] CHANCE, B., PYE, E. K., GHOSH, A. K., HESS, B.: Biological and Biochemical Oscillators. New York: Academic Press, Inc., 1973, pp. 419–427.

[3] FINN, R. K., WILSON, R. E.: Agric. Food Chem. **2** (1954), 66.

[4] BONOMI, A., ABOUTBOUL, H., SCHMIDELL, W.: Biotechnol. Bioeng. Symp. No. 11, C. D. SCOTT, ed., New York: J. Wiley, 1981, pp. 333–357.

[5] BAILEY, J. E., OLLIS, D. F.: Biochemical Engineering Fundamentals. New York: Mc-Graw Hill Book Company, 1977, pp. 334–410.

[6] PIRT, S. J.: Principles of Microbe and Cell Cultivation. New York: Halsted Press, 1975, pp. 57–62, 67.

[7] MILLER, R. K., MICHEL, A. N.: Ordinary Differential Equations. New York: Academic Press, 1982, pp. 53–58.

[8] CROOKE, P. S., WEI, C.-J., TANNER, R. D.: Chem. Eng. Commun. **6** (1980), 333–347.

[9] PARK, D. H., BAKER, D. S., BROWN, K. G., TANNER, R. D., MALANEY, G. W.: The Effect of Carbon Dioxide, Aeration Rate and Sodium Chloride on the Secretion of Proteins from Growing Baker's Yeast (*Saccharomyces Cerevisiae*). J. Biotechnol. **2** (1985), 337–346.
Society, Philadelphia, 1984.

Acta Biotechnol. 6 (1986) 1, 54

Book Reviews

REHM, H. J., REED, G.: **Biotechnology**

KIESLICH, K.: Vol. 6a. **Biotransformations**

Weinheim: Verlag Chemie, 1984. 473 S., 125 DM

Mit der Vorlage des ersten Teiles des Bandes 6 zur Biotransformation haben sich die Herausgeber der Aufgabe unterzogen, das heterogene Gebiet der Biotransformation, insbesondere aus der Sicht der eingesetzten Rohstoffe, monographisch aufzubereiten. Dieses Vorhaben ist gelungen, so daß lehrenden und forschenden Fachkollegen auf diesem Gebiet eine gute Arbeitsgrundlage zur Verfügung gestellt wird. Für die experimentell Tätigen bietet das ausführliche und aktuelle Literaturverzeichnis zu den einzelnen Kapiteln eine wesentliche Hilfe.

Der Vorzug des vorliegenden Bandes resultiert aus dem Tatbestand, daß neben den klassischen Gebieten der Biotransformation, wie der Kohlenhydratwandlung, aber auch die der Steroide, solche jungen Gebiete wie die der Wandlung aromatischer, heterozyklischer und aliphatischer Verbindungen mit der gleichen Gründlichkeit wie die erstgenannten bearbeitet worden sind. Gerade diese Gebiete werden in bezug auf die mikrobiologisch/biochemischen, aber auch partiell chemisch/biologischen Synthesen von Zwischenprodukten für die Herstellung von Pflanzenschutzmitteln, Farbstoffen und Pharmaka eine potentielle Bedeutung erlangen. Hier sind unter Zuhilfenahme der modernen Techniken der Biotechnologie besondere Erfolge zu erwarten. Es wird darum eingeschätzt, daß Inhalt und Aussagen dieser Kapitel relativ schnell veralten und einer Überarbeitung in sehr kurzen Zeiträumen bedürfen, um die Effektivität der wissenschaftlichen Aussagen und damit den Wert des Buches zu erhalten.

Zusammenfassend kann festgestellt werden, daß der vorliegende Band den Wissensstand auf dem Gebiet der Biotransformation bis einschließlich 1983 dokumentiert und die wesentlichen stofflichen und methodischen Entwicklungen charakterisiert. Er wird darum allen großen biotechnologischen Laboratorien zur Nutzung empfohlen.

D. Meyer

E. A. BIRGE

Bakterien- und Phagengenetik — Eine Einführung

Bacterial and Bacteriophage Genetics (Titel der englischen Originalausgabe)

H. MATSURA und E. ZYPRIAN (Übersetzer)

Berlin, Heidelberg, New York, Tokyo: Springer-Verlag, 1984
311 S., 111 Abb., 68 DM

Mit der Übersetzung von Birges „Bakterien- und Phagengenetik" steht ein Lehrbuch in deutscher Sprache zur Verfügung, das die Lücke im Fachbuchangebot auf diesem Gebiet zu schließen hilft. Wie der Autor im Vorwort zur englischen Ausgabe schreibt, ging es ihm darum, das „Grundkonzept der Bakterien- und Bakteriophagengenetik in einem Buch vernünftigen Umfangs zu entwickeln". Es kann eingeschätzt werden, daß ihm dieses Vorhaben gelungen ist.

Aus Gründen einer übersichtlichen und kontinuierlichen Darstellung steht die Beschreibung von Grundlagenerkenntnissen, die mit *Escherichia coli* und seinen Phagen gewonnen wurden, im Vordergrund. Andererseits bemüht sich der Autor jedoch, auch andere Bakterien, mit denen wichtige Forschungsresultate erzielt wurden (z. B. Transformation bei *Bacillus subtilis*) in die Darstellung einzubeziehen. Das Buch behandelt von den molekularen Mechanismen der Mutagenese, Rekombination und Reparatur, über Gentransfermechanismen bis zur detaillierten Beschreibung der Besonderheiten von einigen Phagen und Plasmiden die verschiedensten Aspekte. Der Autor war bemüht, klassische Ergebnisse der Bakteriengenetik mit Erkenntnissen der aktuellen Forschung zu bereichern. Allerdings sind die Methoden der Gentechnologie, die gerade mit Hilfe des *E. coli*-Systems entwickelt wurden, unter Berücksichtigung der Bedeutung, die sie in den letzten Jahren erlangt haben, nur kurz dargestellt.

Das Buch ist übersichtlich gestaltet. Eine Zusammenfassung am Ende jedes Kapitels hilft dem Studenten bei der Aneignung des Stoffes. Desweiteren enthält jedes Kapitel ein Literaturverzeichnis, das sowohl auf Übersichtsartikel zum entsprechenden Gebiet hinweist, als auch spezielle Literaturzitate zum tieferen Eindringen in die Problematik enthält.

J. Engel

Acta Biotechnol. 6 (1986) 1, 55–62

Der Einfluß der Prozeßparameter auf die Ethanolausbeute in Batchprozessen bei Verwendung von Saccharomyces cerevisiae

BECKER, U.[1], RICHTER, K.[1], NICKEL, A.[2]

[1] Akademie der Wissenschaften der DDR
Institut für Biotechnologie, Leipzig
DDR-7050 Leipzig, Permoserstraße 15
[2] Akademie der Wissenschaften der DDR
Zentralinstitut für Isotopen- und Strahlenforschung, Leipzig
DDR-7050 Leipzig, Permoserstraße 15

Summary

The production costs of ethanol are dependent on the efficiency of the substrate-ethanol conversion to a high degree. The more the substrate used during the fermentation is converted into alcohol the better is the economy of the process.
Therefore the ethanol yield Y_S^P is an important object of the process optimization.
In batch fermentation processes the most essential influence factors are the initial biomass concentration X_0, the initial substrate concentration S_0, the temperature T, and the pH-value.
A model reflecting the complex relationships between these influence factors and the ethanol yield could be obtained by regression. It allows an exact valuation of these optimum process parameters which are necessary for realizing high ethanol yields in the batch fermentation.
For the strain *Saccharomyces cerevisiae* Sc 5 used in this research was found an ethanol yield maximum $Y_S^P = 0.5384$ at the parameters

$$X_0 = 64.61 \text{ g/l}$$
$$S_0 = 82.91 \text{ g/l}$$
$$T = 36.45\,°\text{C}$$
$$pH = 6.54$$

Einleitung

Aus der Literatur sind viele Untersuchungen über den Einfluß verschiedener Prozeßparameter auf das Gärverhalten von Hefen bekannt [1–14]. Dabei werden stets nur die Auswirkungen von Änderungen eines oder von zwei Parametern auf das Gärverhalten untersucht. So führen ENDO et al. [14] Versuche zur Prozeßoptimierung bei diskontinuierlich betriebener aerober Ethanolfermentation in Abhängigkeit vom Glucoseangebot und der Ausgangsbiomasse durch. Von den Autoren wird durch Regressionsrechnung die günstigste Biomassekonzentration zum Erhalt der kürzesten Gärzeit ermittelt.
Eine umfassende Darstellung über die Abhängigkeit der Ethanolausbeute Y_S^P von den Prozeßparametern pH-Wert, Temperatur T, der Substratanfangskonzentration S_0 und der Ausgangsbiomassekonzentration X_0 ist uns bisher nicht bekannt. Im Zusammenhang mit der Entwicklung hochproduktiver Gärverfahren und dem damit verbundenen notwendigen Einsatz hoher Zellkonzentrationen [15] ist jedoch eine genauere Kenntnis

statistischer Zusammenhänge zwischen den einzelnen Prozeßparametern und ihrer Auswirkung auf das Gärverhalten der Hefezellen unbedingt erforderlich.
Das Ziel unserer Arbeiten bestand deshalb darin, ein Modell zum Beschreiben dieser Abhängigkeiten zu finden, das es gestattet, die günstigsten Werte der untersuchten Einflußgrößen für alle technologisch möglichen Varianten der diskontinuierlichen Gärung mit hohen Ausbeutekoeffizienten zu ermitteln.

Material und Methoden

Bei allen durchgeführten Untersuchungen kam der Hefestamm *Saccharomyces cerevisiae* Hansen Sc 5 zum Einsatz. Die Vorkultivierung erfolgte unter aeroben Bedingungen bei einem pH-Wert von 5,0 und einer Temperatur von 32···33 °C mit Melasse als Substrat. Die Hefe wurde vor ihrem Einsatz von der Melasselösung abzentrifugiert und einmal mit Leitungswasser gewaschen.
Als Fermentor diente ein 2 l-Glasrührfermentor mit herkömmlicher Meß- und Regeleinrichtung zur Konstanthaltung von pH-Wert und Temperatur. Die Regulierung des pH-Wertes erfolgte in den meisten Fällen mit 1 N Schwefelsäure bzw. 1 N Natronlauge. Nur bei den Versuchen mit pH-Werten über 5,0 wurde 4 N Natronlauge eingesetzt, um eine zu starke Verdünnung der Fermentationslösung zu vermeiden.
Die eingesetzten Mengen an Nährsalz und Hefeextrakt entsprachen den bereits früher gemachten Angaben [16].
In allen Fällen wurde die komplette Nährlösung zusammen mit der zur Untersuchung eingesetzten Saccharose im Fermentor vorgelegt. Die Zugabe der Hefe erfolgte, wenn die eingestellten Werte für *pH*-Wert und Temperatur erreicht waren.
Um die Zusammenhänge zwischen der Produktausbeute und den Prozeßparametern zu ermitteln, wurden diese in den folgenden Grenzen variiert:

$$pH = 1{,}5 \cdots 8{,}0$$
$$T = 24 \cdots 60\,°C$$
$$S_0 = 10 \cdots 300 \text{ g Saccharose/l}$$
$$X_0 = 1 \cdots 85 \text{ g HTS/l}$$

Der Gärverlauf ließ sich über die CO_2-Entwicklung verfolgen, wobei das Ende der CO_2-Entwicklung das Ende des Versuches anzeigte. Bei einer Reihe von Untersuchungen war dies nicht gleichzeitig mit dem vollständigen Saccharoseabbau verbunden, wie das z. B. bei den Einstellungen mit $pH = 1{,}5$ oder $T = 60\,°C$ der Fall war. Bei den Untersuchungen bei $pH = 8{,}0$ wurde der Gärverlauf anhand des Laugeverbrauchs verfolgt, da das gesamte CO_2 in der Fermentationsbrühe gelöst wurde. Die Experimente wurden abgebrochen, wenn keine Lauge mehr abgefordert wurde. Die Bestimmung der Hefetrockensubstanz erfolgte gravimetrisch, Ethanol wurde gaschromatographisch bestimmt. Der Anteil der lebenden Zellen ergab sich durch Auszählen nach Anfärben mit Methylenblau. Die Ermittlung der Saccharosekonzentration geschah durch Bestimmung der reduzierenden Wirkung des Zuckers gegenüber FEHLING'scher Lösung nach saurer Hydrolyse der Proben.

Mathematische Modellierung

Die Ethanolausbeute $Y_S{}^P$ wurde aus den Versuchsergebnissen nach Gleichung (1) berechnet.

$$Y_S{}^P = \frac{P_t}{S_0} \cdot \frac{S_0 - S_t}{S_0} \tag{1}$$

Hierin stellen P_t und S_t die Ethanol- bzw. Substratkonzentration bei Versuchsende dar, während S_0 die Substratanfangskonzentration angibt. Der Faktor $\frac{S_0 - S_t}{S_0}$ dient der Normierung der einzelnen Versuchsergebnisse, da — wie bereits dargestellt — der Substratabbau nicht in allen Fällen vollständig war.
Unter Nutzung eines Rechenprogramms des Zentralinstitutes für Isotopen- und Strahlenforschung wurde durch eine quasilineare Regression von über 130 Versuchsergebnissen mit einem Rechner ESER 1040 eine Modellgleichung (2) berechnet, die die statistischen Zusammenhänge zwischen der Ethanolausbeute und den Prozeßparametern hinreichend genau beschreibt.
Die Zeichnungen 1 bis 10 wurden mit einem Digigraph 1008 angefertigt.

Diskussion der Ergebnisse

Die Regressionsrechnung ergab für den zwischen der Produktausbeute $Y_S{}^P$ und den Prozeßparametern bestehenden Zusammenhang folgende Modellgleichung:

$$\begin{aligned} Y_S{}^P = & -2{,}754 + 2{,}5103pH - 0{,}7659pH^2 + 0{,}10968pH^3 \\ & - 5{,}7052 \cdot 10^{-3}pH^4 - 6{,}68 \cdot 10^{-3}pHT - 1{,}2006 \cdot 10^{-3}pHS_0 \\ & - 5{,}4102 \cdot 10^{-3}pHX_0 + 3{,}5226 \cdot 10^{-5}pHTS_0 \\ & + 2{,}3214 \cdot 10^{-5}pHS_0X_0 + 1{,}7792 \cdot 10^{-4}pHTX_0 \\ & - 7{,}0528 \cdot 10^{-7}pHTS_0X_0 + 5{,}7373 \cdot 10^{-5}T^3 \\ & - 1{,}2122 \cdot 10^{-6}T^4 + 9{,}5632 \cdot 10^{-11}T^6 - 1{,}5335 \cdot 10^{-4}TS_0 \\ & - 1{,}0031 \cdot 10^{-3}TX_0 + 3{,}5784 \cdot 10^{-6}TS_0X_0 + 4{,}8624 \cdot 10^{-3}S_0 \\ & - 2{,}0958 \cdot 10^{-6}S_0{}^2 - 1{,}0572 \cdot 10^{-4}S_0X_0 + 3{,}3307 \cdot 10^{-2}X_0 \\ & - 3{,}3894 \cdot 10^{-5}X_0{}^2 \end{aligned}$$

Das Bestimmtheitsmaß der Gleichung (2) beträgt bei einer Irrtumswahrscheinlichkeit von 5% 0,900, die Standardabweichung hat einen Wert von 0,048.
In den Abbildungen 1 bis 4 sind die Abhängigkeiten der Ethanolausbeute $Y_S{}^P$ von den betrachteten vier Prozeßparametern (pH, T, S_0, X_0) dargestellt. Dabei wird jeweils ein Parameter innerhalb der oben angegebenen Grenzen variiert, während die übrigen drei den errechneten Maximalwerten entsprechen.
Aus den Kurvenverläufen kann ein unterschiedlich starker Einfluß der einzelnen Prozeßparameter auf die Ethanolausbeute abgeleitet werden. Die Substratanfangskonzentration (Abb. 1) hat dabei den geringsten Einfluß auf die Ethanolausbeute. Unterhalb von $S_0 = 100$ g Saccharose/l ist nahezu keine Beeinflussung festzustellen, erst eine Erhöhung über diesen Wert hinaus führt zu einer Abnahme von $Y_S{}^P$. Das ist auf die hemmende Wirkung des vom Substrat verursachten osmotischen Druckes zurückzuführen [17, 18].
Einen stärkeren Einfluß auf die Produktausbeute üben die Temperatur (Abb. 2) und die Ausgangsbiomasse (Abb. 3) aus.
Temperaturen oberhalb von 40°C erweisen sich als ungünstig, da hierbei in zunehmendem Maße eine irreversible Schädigung der Hefezellen einsetzt. Die Abnahme der Ethanolausbeute unterhalb der berechneten Optimaltemperatur kann mit einem langsameren Gärverlauf und damit besseren Wachstumsbedingungen für die Hefezellen erklärt werden. Durch das Wachstum geht ein Teil des Substrates für die Alkoholbildung verloren. Die für die Ethanolausbeute berechnete Optimaltemperatur ($T =$

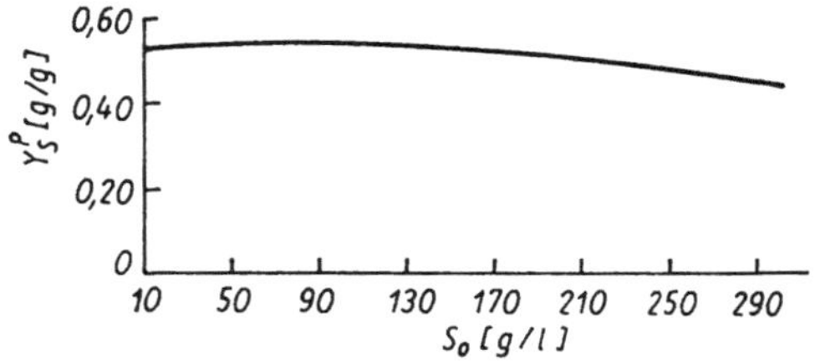

Abb. 1. Die Abhängigkeit der Ethanolausbeute $Y_S{}^P$ von der Substratanfangskonzentration S_0

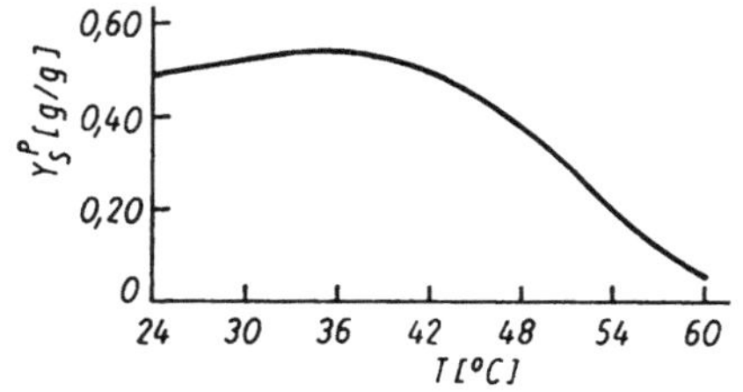

Abb. 2. Die Abhängigkeit der Ethanolausbeute von der Temperatur T

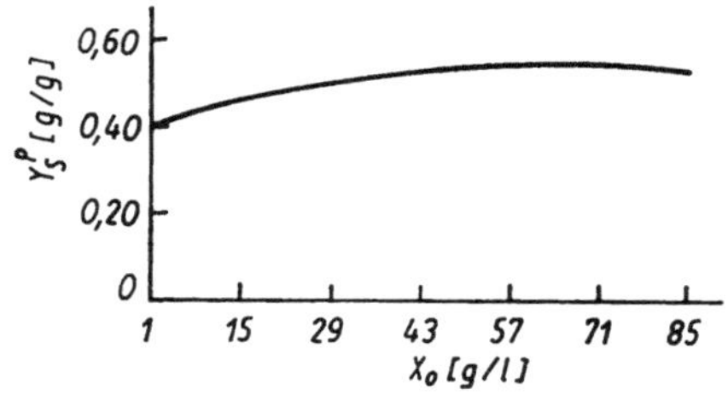

Abb. 3. Die Abhängigkeit der Ethanolausbeute $Y_S{}^P$ von der Biomasseanfangskonzentration X_0

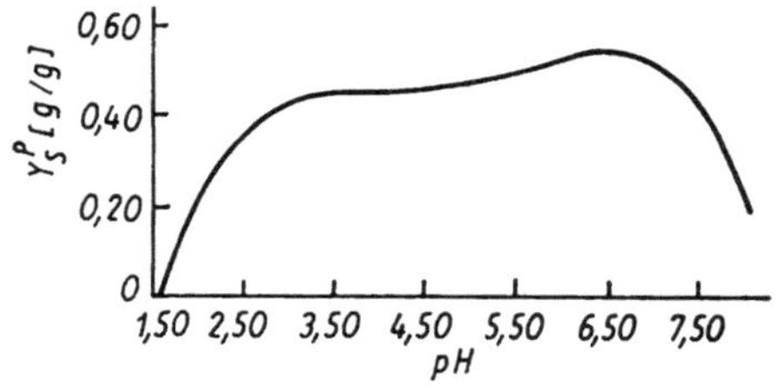

Abb. 4. Die Abhängigkeit der Ethanolausbeute $Y_S{}^P$ vom pH-Wert

36,45 °C) ist nahezu mit der für die spezifische Ethanolbildungsgeschwindigkeit experimentell ermittelten Optimaltemperatur (T = 36 °C [19]) identisch. Da im vorliegenden Falle die auf die Ethanolbildung bezogene Substratverbrauchsgeschwindigkeit bis zu 6mal größer ist als die allein durch das Wachstum bewirkte Zuckerabbaugeschwindigkeit, resultiert daraus in Anwesenheit höherer Zellkonzentrationen eine relative Begünstigung der Produktbildung gegenüber der Zellvermehrung. Dies erklärt die oben festgestellte Übereinstimmung der beiden Optimalwerte.
Durch die Verlängerung der Gärdauer bei Einsatz geringer Zellkonzentrationen bestehen jedoch auch hier günstigere Wachstumsbedingungen. Dies hat die Abnahme der Ausbeutekurve in Abb. 3 zur Ordinate hin zur Folge. Im vorliegenden Fall wurde das Wachstum außerdem signifikant durch das Nährstoffangebot limitiert.
Der pH-Wert übt den stärksten Einfluß auf die Ethanolausbeute $Y_S{}^P$ aus (Abb. 4). Dabei sind pH-Werte unterhalb von pH = 3,0 und oberhalb von pH = 7,0 die Bereiche,

bei denen die Auswirkungen am ausgeprägtesten sind. Die Hefezellen werden bei diesen *pH*-Werten so stark geschädigt, daß sie nicht mehr in der Lage sind, das Substrat in Ethanol umzuwandeln.

Die Abbildungen 5—10 zeigen die Abhängigkeit der Ethanolausbeute Y_S^P von jeweils zwei Prozeßparametern. Die Zahlenwerte an den Höhenlinien, die Parameterbereiche gleicher Substrat-Ethanol-Konversionsgrade verbinden, entsprechen den auf den be-

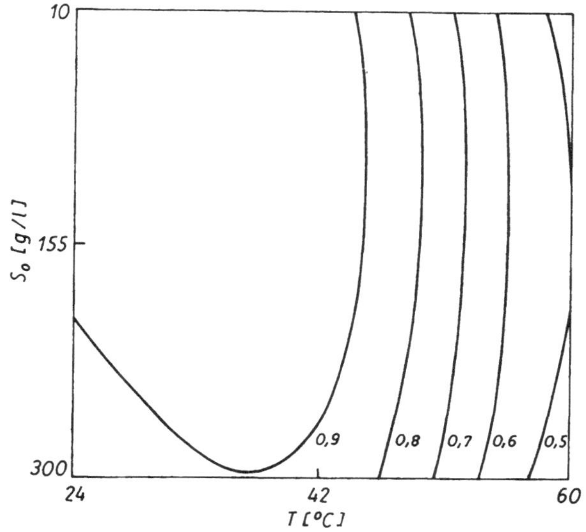

Abb. 5. Die Abhängigkeit der Ethanolausbeute Y_S^P von der Substratanfangskonzentration S_0 und der Temperatur T

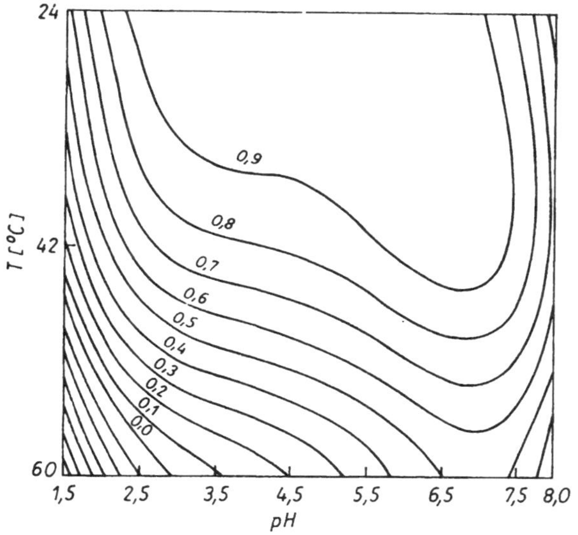

Abb. 6. Die Abhängigkeit der Ethanolausbeute Y_S^P vom **pH-Wert** und der Temperatur

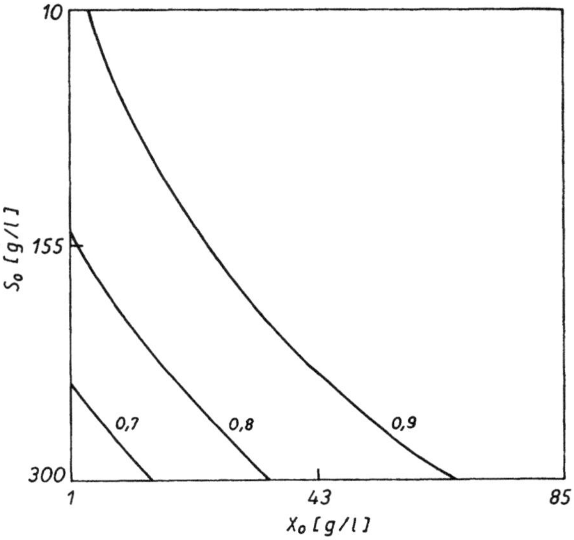

Abb. 7. Die Abhängigkeit der Ethanolausbeute Y_S^P von der Substratanfangskonzentration S_0 und der Biomasseausgangskonzentration X_0

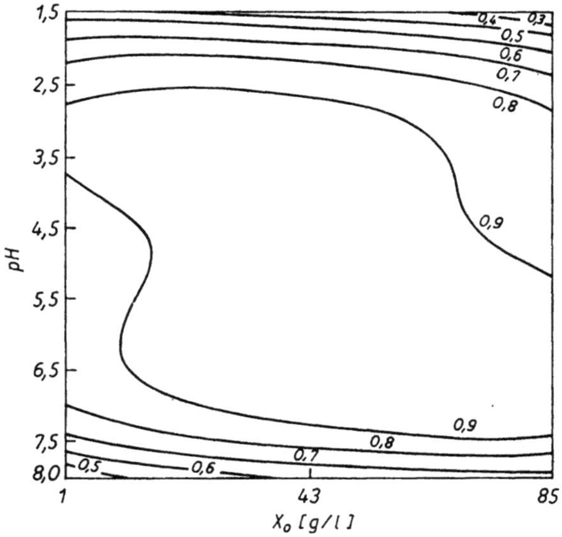

Abb. 8. Die Abhängigkeit der Ethanolausbeute Y_S^P vom pH-Wert und der Biomasseausgangskonzentration X_0

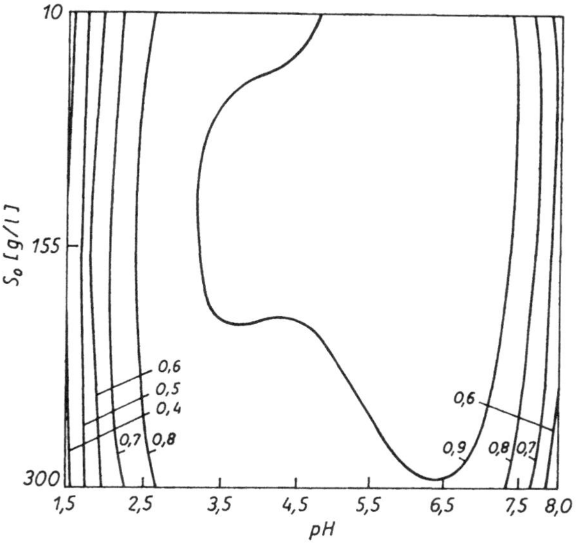

Abb. 9. Die Abhängigkeit der Ethanolausbeute $Y_S{}^P$ vom pH-Wert und der Substratanfangskonzentration S_0

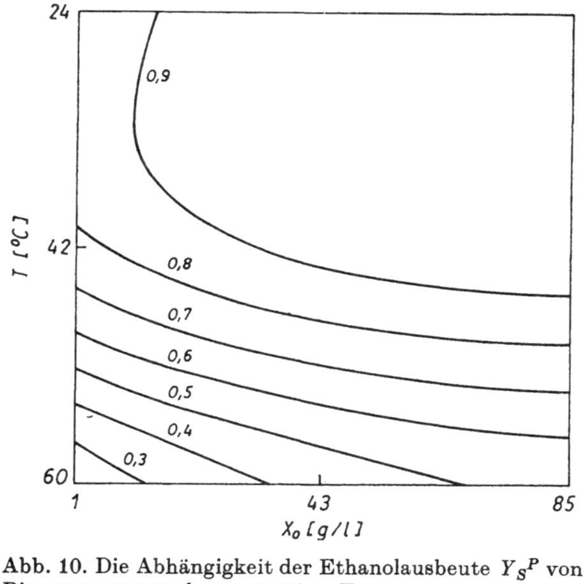

Abb. 10. Die Abhängigkeit der Ethanolausbeute $Y_S{}^P$ von der Temperatur T und der Biomasseausgangskonzentration X_0

rechneten Maximalwert ($Y_S{}^P = 0{,}5384$) bezogenen relativen Ausbeutekoeffizienten. Diese Darstellungen erlauben eine genaue Abschätzung der für die Realisierung einer hohen Ethanolausbeute erforderlichen Prozeßparameter und ihrer zulässigen Schwankungsbreite, wobei die in der Gärpraxis besonders zu beachtenden Prämissen (möglichst hohe Ethanolkonzentrationen, Wiederverwendbarkeit der Biomassen bei hohen Zellkonzentrationen, vollständiger Substratabbau, besondere Infektionsgefährdung bei höheren *pH*-Werten etc.) volle Berücksichtigung erfahren können.

Eingegangen: 9. 8. 1984

Literatur

[1] Nagatani, M., Shoda, M., Aiba, S.: J. Ferment. Technol. **46** (1968) 3, 241.
[2] Navarro, J. M.: Cell. Molec. Biol. **26** (1980) 2, 241.
[3] Moulin, G., Boze, H., Galzy, P.: Biotechnol. Bioeng. **22** (1980) 11, 2375.
[4] Aiba, S., Shoda, M., Nagatani, M.: Biotechnol. Bioeng. **10** (1968), 845.
[5] Nagodawithana, T. W., Castellano, C., Steinkraus, K. H.: Appl. Microbiology **28** (1974) 3, 383.
[6] Nagodawithana, T. W., Steinkraus, K. H.: Appl. Environ. Microbiol. **31** (1976) 2, 158.
[7] Krouwel, P. G., Barber, L.: Biotechnol. Lett. **1** (1979) 10, 403.
[8] Lee, J. H., Williamson, D., Rogers, P. L.: Biotechnol. Lett. **2** (1980) 4, 141.
[9] Navarro, J. M., Durand, G.: Ann. Microbiol. (Inst. Pasteur) **129 B** (1978), 215.
[10] Van Uden, N., Abrandes, P., Cabeca-Silva, C.: Arch. Microbiol. **61** (1968), 381.
[11] Van Uden, N., Madiera-Lopes, A.: Z. allg. Mikrobil. **10** (1970), 515.
[12] Windisch, S., Stobbe, M., Koppensteiner, G.: Die Branntweinwirtschaft **114** (1974) 8, 183.
[13] Reiff, F., Kautzmann, R., Lüers, H., Lindemann, M.: Die Hefen, Bd. I und II. Nürnberg 1960, 1962.
[14] Endo, I., Naganume, I.; Inone, I.: J. Chem. Eng. Jpn. **13** (1980) 3, 231.
[15] Becker, U., Repp, H.-D., Richter, K.: „Einfluß der Zellkonzentration auf die Ethanolsynthese von Bäckerhefe". 2. Symposium der sozialistischen Länder über Biotechnologie, 2.–5. 12. 1980, Leipzig.
[16] Richter, K., Becker, U.: Acta Biotechnol. **5** (1985) 1, 9.
[17] Richter, K., Becker, U.: Acta Biotechnol. **5** (1985) 2, 145.
[18] Richter, K., Becker, U., Meyer, D.: Physiologie mikrobieller Wachstums- und Differenzierungsprozesse". Symposium, 20.–26. 5. 1984, Reinhardsbrunn.
[19] Richter, K., unveröffentlichte Ergebnisse.

Acta Biotechnol. 6 (1986) 1, 63–68

Biological Method for Ethanol Determination

BLUMBERGS, J. E.

August Kirchenstein Institute of Microbiology
Latvian S.S.R. Academy of Sciences
U.S.S.R. 226067 Riga, Latvian S.S.R.

Summary

It has been demonstrated that on an alkaline medium starving yeast *Saccharomyces cerevisiae* 14 oxidizes ethanol to acetate at a very high rate, consuming oxygen in stoichiometric ratios. This phenomenon can well be used for ethanol determination. This method is advantageous for its simplicity, cheapness and responsiveness.

There are a number of methods for ethanol determination — gaschromatographic, fermentative, chemical, densitometric ones. Yet each of these methods has its drawback — one require expensive equipment, the other are either of little sensitivity, or need a pretreatment of the sample [1–3].
Being one of the most sensitive and specific, the method of ethanol determination with the help of alcohol dehydrogenase (ADH) has gained wide application. Its essence — ethanol oxidation to acetaldehyde in the presence of ADH and NAD^+. After oxidation the amount of NADH is determined spectrophotometrically. Recently there has been proposed the potentiometric method for ethanol determination, using permeabilized yeast cells [4]. Yet the sensitivity of this method is rather low.
Yeast *Saccharomyces cerevisiae* cells contain enzymes that can oxidize ethanol. We have demonstrated that the amount of oxygen, consumed by yeast cells, is directly proportional to the amount of oxidized ethanol [5].
The aim of the present work was to study the oxygen consumption by yeast *Saccharomyces cerevisiae* 14 cells upon oxidation of little amounts of ethanol, depending on medium pH and ethanol amount.

Materials and Methods

We used yeast *Saccharomyces cerevisiae* 14 culture, obtained from the collection of August Kirchenstein Institute of Microbiology, Latvian SSR Academy of Sciences. Biomass was separated by centrifugation and rinsed in sterile water. Dissolved oxygen concentration in the medium was measured with the help of CLARKE-type platinum-silver electrode with teflon membrane 5 μm thick [7]. Results of the measurements were registered by a recorder or set into a computer via an A/D converter. The total amount of the oxygen consumed upon oxidation of a definite ethanol amount was determined as to the following formula:

$$q_{O_2} = V \cdot k_L a \int_{t_0}^{t_1} (C_0 - C) \cdot dt \quad (1)$$

where

$k_L a$ – oxygen mass transfer coefficient
C^* – concentration of oxygen dissolved in an air-saturated medium, determined as to the following formula:

$$C^* = 14.6 - 0.3943 \cdot T + 0.00717 \cdot T^2 \,[\mathrm{mg/l}] \quad [8] \quad (2)$$

C – the current value of oxygen concentration
t – time
t_0 – time of ethanol addition
t_1 – time of pO_2 return to the initial value
V – volume of the medium
C_0 – concentration of dissolved oxygen prior to ethanol addition.

Formula (1) does not depend on the response time of pO_2 sensor, upon condition that the rate of endogenous respiration of yeast prior to ethanol addition and after its oxidasion, as well as pO_2 value do not change. The rate of oxygen consumption upon quasi-stationary conditions, when

$$\frac{dQ}{Q \cdot dt} < k_L a \quad (3)$$

was determined by the dynamic method [9].
The rate of oxygen consumption at the moment of ethanol addition to yeast suspension was determined as to the following formula:

$$Q = K \frac{dC}{dt} \quad (4)$$

upon conditions when
$k_L a$ = const., Q_e = const., i. e., pO_2 does not change also prior to ethanol addition

$dC/dt = 0$, where
Q_e – endogenous rate of oxygen consumption
K – constant.

The studies were carried out on microfermenters. Upon measuring of both, pO_2 and pH the volume of the fermenter was 300 ml, medium amount – 100 ml. Upon measuring pO_2 alone – medium amount was 5 ml, medium temperature – 30° ± 0.05 °C, the rate of the stirrer – 920 rpm, surface aeration. Silicon foam-breaker M30 (SERVA) was used to prevent foaming. In order to decrease the level of endogenous respiration yeast suspension was maintained under aerobic conditions in a 50 mM KH_2PO_4 buffer upon pH – 5, and T – 30 °C for 12–24 hour s[10–12]. There are reference data, informing that ethanol addition to fresh yeast causes a rapid increase of the respiration, while internal endogenous substrates take part in the reduction of pyridine nucleotides. In starving yeast ethanol itself takes part in reduction of nucleotides [13]. Yeast concentration in suspension was within 5 to 50 g/l. The average coefficient of oxygen mass transfer was 1–4 min^{-1}.

Results

It is known that in ethanol metabolism several stages can be singled out:

1 — ethanol oxidation to acetaldehyde, the enzyme ADH participating,
2 — oxidation of acetaldehyde to acetate, the enzyme aldehyde dehydrogenase participating,
3 — acetate metabolism to CO_2 or other compounds [14].

Fig. 1 shows changes in the rate of oxygen consumption upon addition of 1 — acetate 100 μM; 2 — acetaldehyde 100 μM; 3 — ethanol 100 μM; 4 — glucose 100 μM, depending on medium pH.

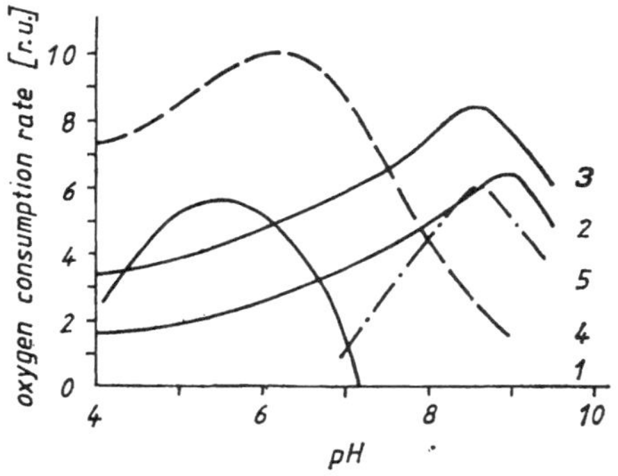

Fig. 1. Oxygen consumption rate (relative units) upon addition af acetate (Curve 1), acetaldehyde (Curve 2), ethanol (Curve 3), glucose (Curve 4) into suspension of starving yeast, and reference data [15] on the dependence of ADH activity on medium pH. Curves 1 and 4 on the ordinate are scaled up ten times.

The obtained results demonstrate that the maximum of acetate oxidation by yeasts is at pH 5.5, that of acetaldehyde — at pH 8.8, of ethanol — at pH 8.5. It is important that at pH 7 starving yeasts do not oxidize acetate. Fig. 1 shows also the dependence of ADH activity (in relative units) on medium pH, as to the reference data [15]. The fact that on alkaline media starving yeasts metabolize ethanol only to acetate, is confirmed also by pH changes during oxidation of 100 μM of ethanol on an acid medium (Fig. 2) and on an alkaline medium (Fig. 3). In Fig. 2 it can be seen that on an acid medium

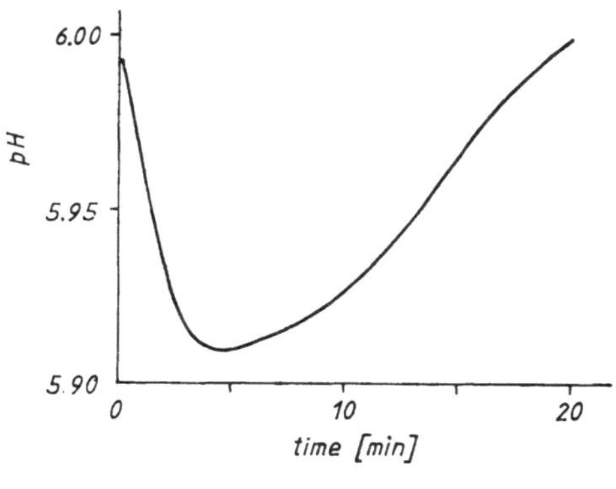

Fig. 2. Changes of medium pH upon ethanol oxidation by starving yeast on an acid medium.

the medium pH at first decreases, then returns to the initial value. On an alkaline medium the pH value decreases likewise, yet further on its value practically does not change (Fig. 3).

Table 1. Dependence of oxygen amount, consumed upon ethanol and acetate oxidation, on the level of their oxidation.

Substrates	Products
1 M Ethanol + 1 M O_2	Acetate
1 M Ethanol + 3 M O_2	$CO_2 + H_2O$
1 M Acetaldehyde + 0.5M O_2	Acetate
1 M Acetaldehyde + 2.5M O_2	$CO_2 + H_2O$
1 M Ethanol + 0.5 M O_2	Acetaldehyde

It is known that definite amounts of oxygen are required for a full oxidation of ethanol or acetaldehyde (Table 1). Figure 4 comprises data on the determination of oxygen amount consumed upon oxidation of a certain amount of ethanol and acetaldehyde, in dependence on medium pH. The obtained results demonstrate that upon pH 7 there

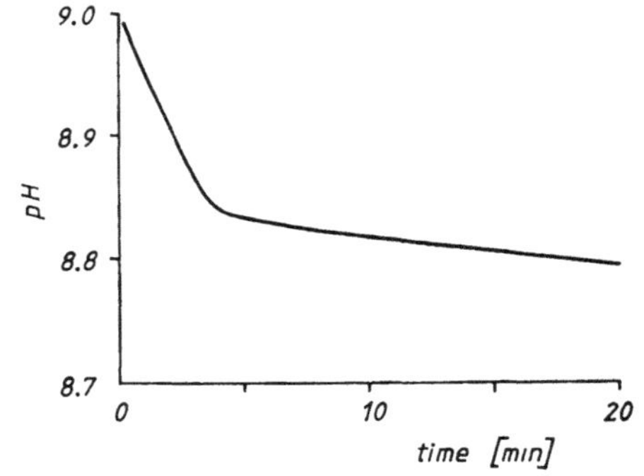

Fig. 3. Changes of medium pH upon ethanol oxidation by starving yeast on an alkaline medium.

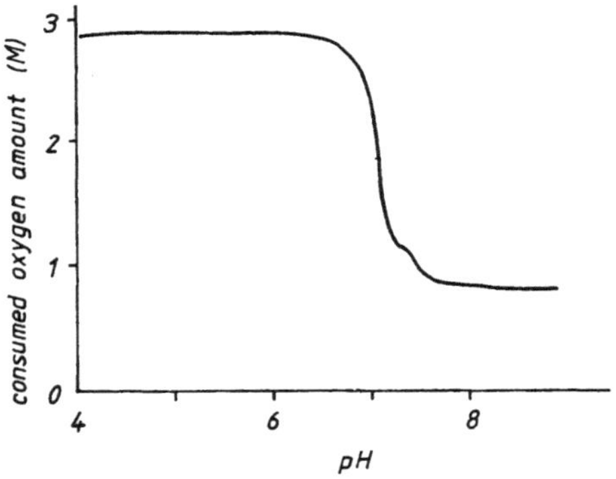

Fig. 4. Changes of oxygen amount consumed upon oxidation of 1 mole of ethanol by starving yeast, depending on medium pH value.

is a drastic change in the amount of oxygen consumed upon oxidation of both, ethanol and acetaldehyde. On an acid medium the amount of the consumed oxygen correponds to ethanol or acetaldehyde oxidation to CO_2, on an alkaline medium — to acetate. Fig. 5 shows data on pO_2 changes during oxidation of various ethanol amounts (8, 50, 200 μM) by starving yeasts, medium pH 8.5. The obtained data testify to the direct proportionality between peak areas and the amount of oxidized ethanol. The duration of ethanol oxidation depends on ethanol amount and yeast concentration in the medium. The initial medium pH value was restored after the oxidation of each ethanol portion.

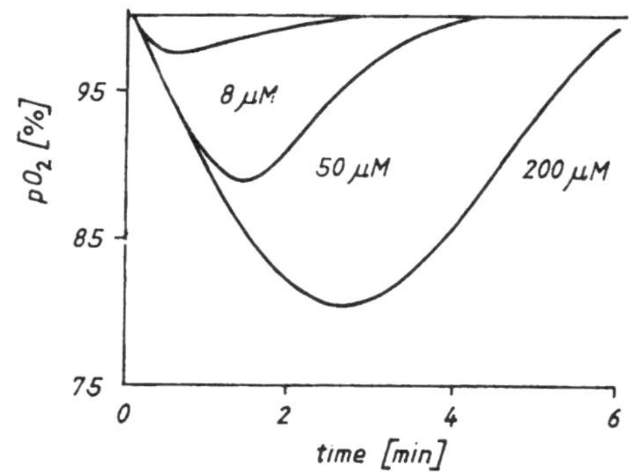

Fig. 5. Changes of the partial pressure of oxygen dissolved in the medium upon oxidation of various ethanol amounts by starving yeast.

Discussion

The obtained results demonstrate that upon ethanol oxidation by starving yeasts oxygen consumption rate is the highest on alkaline media. Under these conditions the oxidation of 1 mole of ethanol consumes 1 mole of oxygen. The given quantitative regularity can be used for the determination of small ethanol amounts. Fig. 6 shows an example of a calibration curve for ethanol determination (medium amount 5 ml, sample 0.1 ml).

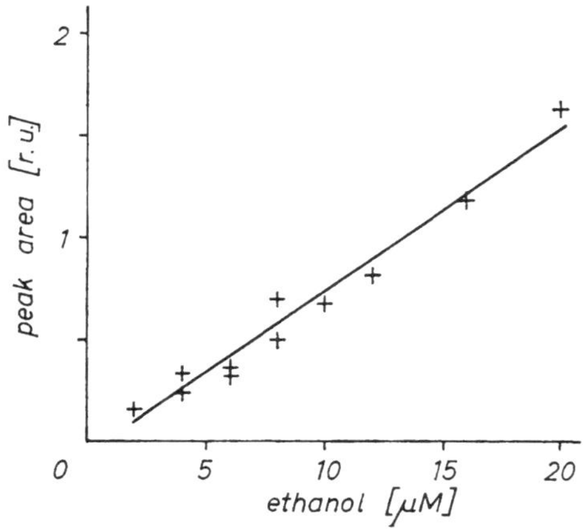

Fig. 6. An example of the calibration curve of ethanol determination using starving yeast.

The precision of the method depends mainly on the stability of the value of oxygen mass transfer coefficient. The responsiveness and sensitivity of the method depends mainly on biomass concentration, amount of the medium and oxygen mass transfer coefficient. Sensitivity of the method — up to 1 μM, precision 5%.

Upon determination of small ethanol amounts the changes of the partial pressure of oxygen dissolved in the medium are very small. In order to reach the maximum sensitivity and precision of the given method, it is necessary to ensure a high stability of both, medium temperature and oxygen mass transfer coefficient. Upon a repeated determination of ethanol the amount of the medium increases, which causes a change of oxygen mass transfer coefficient. Applying big amounts of medium it is difficult to obtain high values of coefficient K without a forced aeration. In practice, 5 to 200 ml amounts of the medium are the most convenient ones.

Dried yeasts are a convenient initial material, prior to starvation they are be rehydrated at 37 °C for 15 minutes. Acetaldehyde is the main component interfering with the determination of ethanol. Yet acetaldehyde concentration is usually lower than that of ethanol, and oxygen consumption for the oxidation of 1 mole of acetaldehyde is twice less than for ethanol. The rate of sugar oxidation — that of glucose, for example, — by starving yeats on an alkaline medium is ten times slower than that of ethanol (Fig. 1). Hence ethanol can be determined in sugar-containing media. In the given instance ethanol

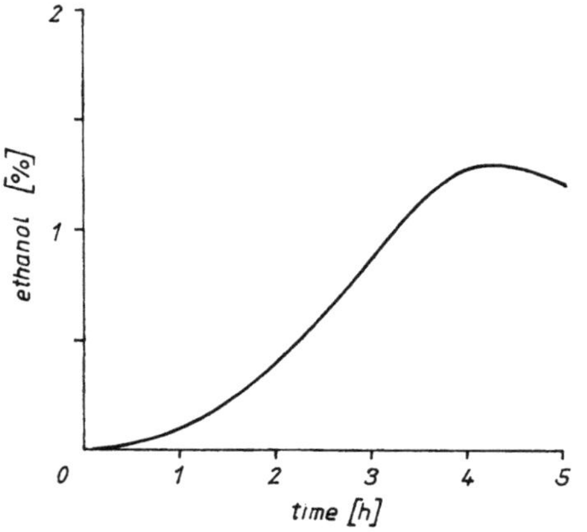

Fig. 7. Ethanol content during yeast cultivation on molasses.

determination can be carried out only after a full oxidation of sugars, i. e., when yeast respiration reaches the endogenous level. Fig. 7 shows an example of determining ethanol concentration in sugar-containing media (4% of molasses sugar) upon cultivation of yeast *Saccharomyces cerevisiae* 14.

Received May 4, 1984

References

[1] Bücher, T., Redetzki, H.: Klinische Wochenschrift **29** (1951) 35/36, 615.
[2] Bauer, K.: Die organische Analyse. Leipzig, 1950.
[3] Mitruka, B.: Gas Chromatographic Applications in Microbiology and Medicine. New York, London, Sydney, Toronto: A Wiley Biomechanical-Health Publikation, 1975.
[4] Pascual, C., Pascual, R., Kotyk, A.: Anal. Biochem. **123** (1982), 205.
[5] Blumbergs, J.: Abstracts. 6th Conference of Young Scientists. Zitane, Riga, 1975 (in Russian).
[6] Beker, M., Damberga, B., Upits, A., Blumbergs, J., Krauze, I., Ventina, E., Brivkalne, I., Popova, M.: Mikrobiologiya **43** (1974), 1028.
[7] Selga, S.: Cand. Diss. Jelgava 1975 (in Russian).
[8] Pirt, S.: Principles of Microbe and Cell Cultivation. Oxford, London, Edinburgh, Melbourne: Black Scientific Publications, 1975.
[9] Heineken, F.: Biotechnol. Bioeng. **13** (1971), 599.
[10] Chance, B.: J. Biol. Chem. **234** (1959), 3036.
[11] Maitra, P., Estrabrook, R.: Arch. Biochem. Biophys. **121** (1967), 117.
[12] Bachi, B., Etlinger, L.: Arch. Microbiol **93** (1973), 155.
[13] Goodwin, C., Balcavage, W., Matoon, J.: Arch. Biophys. **165** (1974), 413.
[14] Dagley, S., Nicholson, D.: An Introduction to Metabolic Pathways. Oxford, Edinburgh: Blackwell Scientific Publications, 1970.
[15] Ebisuzaki, K., Barron, E.: Arch. Biochem. Biophys. **69** (1957), 555.

Acta Biotechnol. 6 (1986) 1, 69—75

Untersuchungen zur Sauerstoffdiffusion in wäßrigen Xanthanlösungen

Stottmeister, U.

Akademie der Wissenschaften der DDR
Institut für Biotechnologie
DDR-7050 Leipzig, Permoserstraße 15

Summary

The determination of oxygen diffusion coefficients was carried out by a modified chronoamperometric method using a stationary platinum electrode.
The determined diffusion coefficients are related to approximated η_0-values.
It was shown a relation of D_i and η_0 according to the Hayduk-Cheng-potential equation.
That means a strong relative lowering of oxygen diffusion coefficients already by low viscosities, but a little influence at high viscosities.
A simple laboratory thin film reactor is described, in which the oxygen supply is maintained by diffusion. This reactor is suitable very well for fermentations of viscous fluids.

Einleitung

Die Sauerstoffversorgung von aeroben Polysaccharidbildnern muß durch eine Polysaccharidhülle erfolgen, von der eine Hemmwirkung auf die Geschwindigkeit des Durchtrittes der Sauerstoffmoleküle zur Zelle zu erwarten ist. So finden z. B. Hartmeier u. a. [1] bei *Rhodoturola glutinis* und *Lipomyces starkeyi* einen Permeationskoeffizienten P für Sauerstoff, der um ungefähr eine Zehnerpotenz geringer als bei anderen Hefen ist. Die Autoren führen diese Erniedrigung auf Polysaccharidkapseln zurück, die den Durchtritt des Sauerstoffs zur Zelle behindern. Messungen mit membranbedeckten Sauerstoffsensoren in hochviskosen wäßrigen Xanthanlösungen wiesen auf die starke Diffusionshemmung des Sauerstoffs hin [2].
Untersuchungen zum Einfluß des Sauerstoffpartialdruckes bei der Xanthansynthese durch *Xanthomonas campestris* zeigten [3], daß eine optimale Xanthansynthese bei einem hohen Sauerstoffpartialdruck erreicht wird. Bei guter Aeration erfolgt das Wachstum der Zellen unbalanziert [4].
Es war das Ziel der vorliegenden Arbeit, Aussagen über die Diffusionsfähigkeit des Sauerstoffs in wäßrigen Xanthanlösungen zu erhalten, um Rückschlüsse auf die Sauerstoffversorgung der wachsenden und xanthanausscheidenden Zellen zu ermöglichen. Über die Löslichkeit von Sauerstoff in wäßrigen Xanthanlösungen finden sich Angaben bei Popovic u. a. [5]. Durch das Biopolymer wird die Löslichkeit im untersuchten Konzentrationsbereich bis 0,5% im Vergleich zum Lösungsmittel nicht beeinflußt. Der Zusammenhang zwischen Diffusion und Viskosität wird durch die Sutherland-Einstein-Beziehung beschrieben. Bei gegebener Temperatur, für den betrachteten Stoff

und das verwendete Lösungsmittel kann diese in vereinfachter Form ausgedrückt werden.

$$D_i \eta = \text{const.}$$

Beispiele für die Untersuchung der Sauerstoffdiffusion in viskosen Lösungen sind in der Literatur nur wenig beschrieben. Von JORDAN u. a. [6] wurde die Sauerstoffdiffusion in viskosen Newtonschen Flüssigkeiten untersucht. Es wurde gefunden, daß die einfache Reziprokbeziehung nach SUTHERLAND und EINSTEIN nicht voll gültig ist und der sich aus dem einfachen FICKschen Gesetz

$$V_D = D_i \frac{F}{x} c_{0A} \quad (\text{wobei } D_i \frac{F}{x} = P)$$

ergebende Diffusionskoeffizient einer Korrektur bedarf. Diese wurde im Bereich von Viskositäten bis 12 Pas für die untersuchten Modellösungen Glycerin und Zucker gefunden zu

$$D_i = f^2 \cdot D_a$$

D_a gemessener Diffusionskoeffizient
f Korrekturfaktor

Von HAYDUK und CHENG [7] werden durch Anwendung der Kapillartechnik die Diffusionsverhältnisse verschiedener Substanzen in Medien unterschiedlicher Viskosität untersucht. Eine allgemeingültige Beziehung zwischen Diffusionskoeffizienten und Viskosität wird gefunden zu

$$D_i \cdot \eta^A = K,$$

wobei A und K spezifische Konstanten sind.
Von HIKITA u. a. [8] wird eine dieser Beziehung entsprechende Relation zwischen der Viskosität und der Sauerstoffdiffusion in wäßrigen Zuckerlösungen aufgestellt:

$$D_i \cdot \eta^{2/3} = K$$

Unter den Methoden der Bestimmung der Diffusionskoeffizienten haben sich in vielen Fällen die Methoden der Elektrochemie vorteilhaft bewährt. Dabei werden stationäre Festelektroden vor Quecksilbertropf- und rotierenden Festelektroden bevorzugt.
Entscheidend für die reproduzierbare Anwendung von stationären Festelektroden ist die Wahl des Elektrodenmaterials (z. B. Pt, Kohle u. a.), das keine Adsorptionen gestatten darf und sich daraus ergebende störende Adsorptionsmaxima vermeidet. Es dürfen weiterhin keine Inaktivierungen der Elektrodenoberfläche eintreten. Arbeiten über die Bestimmung der Diffusionskoeffizienten von Sauerstoff durch elektrochemische Methoden sind unverhältnismäßig selten zu finden [9]. Wahrscheinlich ist diese Tatsache auf die Schwierigkeiten zurückzuführen, die durch das Verhalten des Sauerstoffs an Festelektroden entstehen.
Für die elektrochemische Bestimmung von D_i werden allgemein folgende Meßprinzipien angewendet:

1. die Aufnahme von Stromstärke-Zeit-Kurven ($it^{1/2}$) bei konstantem Potential = Chronoamperometrie
2. Stromstärkemessungen durch die peak-Voltametrie
3. Chronopotentiometrische Messungen

Von KAKIHANA u. a. [10] und KISSINGER [11] wird der Chronoamperometrie eine hohe Genauigkeit bei der Bestimmung von Diffusionskoeffizienten bestätigt. Für die Chronoamperometrie gilt bei der Verwendung von Flächenelektroden:

$$D_i = \left(\frac{i \cdot t^{1/2} \cdot \pi^{1/2}}{n \cdot F \cdot a \cdot c}\right)^2 \quad (\text{COTTRELL-Gleichung})$$

In der Praxis erfolgt die Bestimmung der augenblicklichen Stromstärke im Bereich des Diffusionsgrenzstromes bei konstantem Potential. Nach dem Einschalten der Spannung steigt der Strom auf einen Maximalwert, um dann in Abhängigkeit von der Zeit und der Diffusionsfähigkeit des elektrochemisch aktiven Stoffes abzusinken. Wird nun im Bereich des Diffusionsgrenzstromes auch die Zeit zur Bestimmung der augenblicklichen Stromstärke konstant gehalten, vereinfacht sich die COTTRELL-Gleichung

$$D_i = \frac{i^2}{K^2}.$$

Der Diffusionskoeffizient für Sauerstoff in Wasser wurde als Bezugsgröße genommen und im Bereich des Diffusionsgrenzstromes der katodischen Sauerstoffstufe nach immer gleicher Zeit bei wechselnden Xanthankonzentrationen die augenblickliche Stromstärke bestimmt.

Der notwendige Elektrolytzusatz (0,1 M Na_2SO_4) beeinflußt die Löslichkeit des Sauerstoffs nur unwesentlich [5]. Die gemessene Stromstärke wurde in Relation zum Meßwert des Grundelektrolyten gesetzt und daraus der Diffusionskoeffizient errechnet.

Wäßrige Xanthanlösungen sind nicht-newtonsche, nichtlinear strukturviskose Fluide.

Da die Bestimmung der Diffusionskoeffizienten mit ruhender Elektrode erfolgte, kann die Zuordnung der Viskosität nur im Bereich newtonschen Verhaltens des strukturviskosen Fluides erfolgen. Die Bestimmung dieser η_0-Viskosität ist mit low-shear-Rotationsviskosimetern möglich. Von DEBUS [12] werden derartige Messungen an verdünnten Xanthan-Lösungen mit dem Modell Haake CV 100 (Meßsystem DA 45) beschrieben. Aus den dargestellten Fließkurven ist ablesbar, daß die Newtonsche Anfangsviskosität bei einem Schergradienten von $D \approx 0{,}3\ s^{-1}$ erreicht wird.

Da das für die eigenen Messungen verwendete Rotationsviskosimeter Rheotest II nur Messungen bei einem Schergradienten von $D = 3{,}0\ s^{-1}$ gestattete, und die von DEBUS und uns benutzten Xanthane ein identisches Fließverhalten zeigten, wurde graphisch auf den bei DEBUS ablesbaren Übergangsschergradienten geschlossen und in einer Näherung durch graphische Ermittlung die zugehörige Viskosität als Newtonsche Anfangsviskosität verwendet.

Experimentelle Bedingungen

Chronoamperometrische Messungen:
Grundelektrolyt 0,1 M Na_2SO_4, Pt-Elektrode $d = 0{,}09$ mm poliert, Referenzelektrode SCE, Polarograph OH 102 (Radelkis) Meßbereich 2 V, 6×10^{-10} A, Start 1,4 V $\rightarrow$ 0, T $= 23 \pm 0{,}5°$, O_2-Sättigung.
XPS-Kelco, Einwaage 0,1, 0,3, 0,5%, 3tägige Quellung, filtriert, und XPS GCD, 0,5%, gleiche Vorbehandlung
Viskositätsmessungen:
Rotationsviskosimeter Rheotest II, System N oder S1, $23 \pm 0{,}5°$

Ergebnisse und Diskussion

Die angewendete Methode zur Bestimmung des augenblicklichen Diffusionsstromes in Abhängigkeit von der Xanthankonzentration bei gleichem Sauerstoffgehalt zeigt eine deutliche Erniedrigung der polarographischen Sauerstoffstufe (Abb. 1). Daraus ließen sich durch einen Vergleich mit bekannten Diffusionskoeffizienten die jeweils wirksamen errechnen (Tab. 1). Bei der Betrachtung von Diffusionskoeffizienten und approximierten η_0-Werten zeigt sich — deutlicher als bei Messungen im nichtnewtonschen Be-

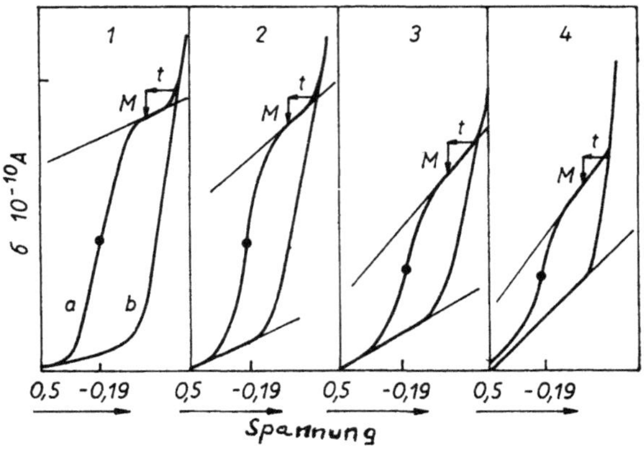

Abb. 1. Polarographische Bestimmung des Sauerstoffs in wäßrigen Xanthanlösungen.

1. Grundelektrolyt a: Luftsättigung
b: Sauerstoff-frei
2. 0,1% Xanthan
3. 0,3% Xanthan
4. 0,5% Xanthan

t = Meßzeit für *i*
M = Meßpunkt für *i*

Tabelle 1. Bestimmung der Diffusionskonstanten durch modifizierte chronoamperometrische Messung

Messung in:	Stromstärke i [A]	Diffusionskoeffizient D_i [cm² s⁻¹]
Elektrolyt 0,1 m Na_2SO_4	$4{,}06 \times 10^{-10}$	$23{,}8 \times 10^{-6}$
Xanthan Kelco 0,1%	$3{,}48 \times 10^{-10}$	$17{,}47 \times 10^{-6}$
Xanthan Kelco 0,3%	$2{,}95 \times 10^{-10}$	$12{,}57 \times 10^{-6}$
Xanthan Kelco 0,5%	$2{,}43 \times 10^{-10}$	$8{,}52 \times 10^{-6}$
Xanthan GCD 0,5%	$0{,}24 \times 10^{-10}$	$\sim 0{,}1 \times 10^{-6}$

reich — ein hyperbolisches Verhalten, das prinzipiell den Verlauf entsprechend der SUTHERLAND-EINSTEIN-Beziehung widerspiegelt (Abb. 2).

Der hyperbolische Verlauf der Kurve zeigt, daß der Diffusionskoeffizient schon bei geringen Viskositäten stark erniedrigt und die relative Erniedrigung bei steigender Viskosität geringer wird. Damit lassen sich die Ergebnisse von ASTARITA und MASHELKAR [13], die keine Abhängigkeit der Diffusionskonstante von Sauerstoff mit steigender Viskosität finden, erklären. Im Bereich höherer Viskositäten trifft diese Aussage annähernd zu, nicht jedoch bei niedrigen.

Die vorliegenden Untersuchungen haben Modellcharakter und sind für die Verhältnisse einer wachsenden, polysaccharidausscheidenden Kultur bedingt anwendbar. Nicht berücksichtigt werden können jedoch Einflüsse, die durch die Entstehung von Metaboliten (insbesondere von CO_2) und deren notwendigen Abdiffusion entstehen und — noch völlig ungeklärt — die Verhältnisse des Abtransportes der durch die Zelle produzierten Wärme in hochviskosen Fluiden, die sich stark auf die Diffusion bemerkbar

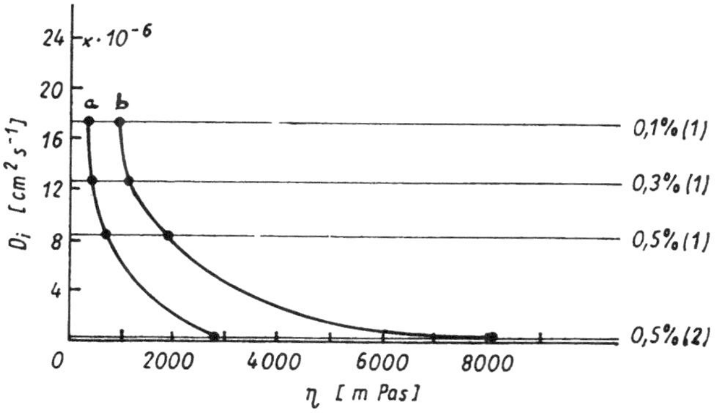

Abb. 2. Abhängigkeit der Diffusionskoeffizienten D_i bei approximiertem η_0-Wert.

a. $D = 1{,}0\ s^{-1}$

b. $D = 0{,}3\ s^{-1}$ (= η_0 nach DEBUS)

1. Xanthan Kelco
2. Xanthan GCD

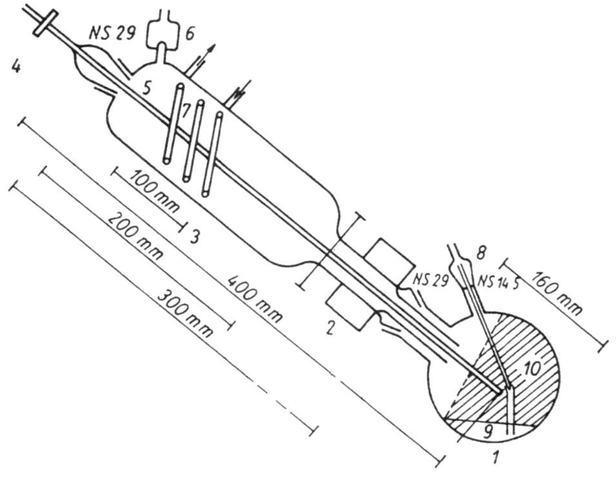

Abb. 3. Labordünnfilmfermentor zur Fermentation hochviskoser Fluide.

1 2 l Rundkolben
2 Antrieb eines Rotationsverdampfers (60 U min^{-1})
  VEB Jenaer Glaswerk, Schott u. Gen.
3 stationärer Teil
4 Sterilfilter
5 Gaseinleitungsrohr
6 Sterilfalle — Gasaustritt
7 Kühlwendeln
8 sterile Probenahme
9 Fermentationsflüssigkeit
10 belüfteter Flüssigkeitsfilm

Temperierung im Wasserbad, Gasstrom 60 l h^{-1}, Fermentationsflüssigkeit 300 ml

machen könnten. Trotzdem dürften derartige Einflüsse die prinzipiellen Ergebnisse der vorliegenden Untersuchungen

— die Sauerstoffdiffusion verläuft auch in strukturviskosen Fluiden hyperbolisch, wie sie durch die SUTHERLAND-EINSTEIN-Reziprokbeziehung erkannt und durch die HAYDUK-CHENG-Potenzgleichung quantifiziert wurde —

nicht beeinflussen.
Die starke Erniedrigung des Diffusionskoeffizienten schon bei geringen Viskositäten führte weiterleitend zu Betrachtungen der Induktion des unbalanzierten Wachstums bei *Xanthomonas campestris* als eine der Voraussetzungen für eine Xanthansynthese und der Anpassung des Elektronentransportsystems der xanthanausscheidenden Bakterien [2]. Andererseits bedeutet die geringe relative Erniedrigung der Diffusion des Sauerstoffs — und damit sicher auch anderer Nutrienten — bei hohen Viskositäten, daß eine adaptierte Zelle auch bei steigenden Xanthankonzentrationen durch reine Diffusion versorgt werden kann. Das führte zur Konstruktion eines einfachen Labor-Dünnfilmreaktors, der sich bei der Fermentation hochviskoser Fluide bewährte.
Dieser Reaktor nutzt einen handelsüblichen Dünnfilmverdampfer und ist an die spezifischen Belange einer sterilen Fermentation angepaßt (Abb. 3).
Die mit diesem Fermentor erhaltenen Ergebnisse zur Kinetik der Xanthanfermentation im Respirationsfermentor mit geschlossenem Gaskreislauf [14] sind Gegenstand einer folgenden Arbeit.

Symbolverzeichnis

a	Elektrodenfläche	cm^2
c	Konzentration	$mol\ ml^{-1}$
c_{OA}	aktuelle Sauerstoffkonzentration	$mg\ l^{-1}$
d	Durchmesser	mm
D	Schergradient	s^{-1}
D_i	Diffusionskoeffizient	$cm^2\ s^{-1}$
F	Faradaykonstante	Coulomb
GCD	VEB Gärungschemie Dessau	—
i	augenblickliche Stromstärke	A
N	Zahl der Moleküle	—
P	Permeationskoffizient	$cm \cdot s^{-1}$
t	Zeit	s
V_D	Diffusionsgeschwindigkeit	$mol \cdot s^{-1}$
x	Diffusionsstrecke	cm
η	dynamische Viskosität	Pa s
η_a	scheinbare dynamische Viskosität	Pa s
η_0	newtonsche Anfangsviskosität	Pa s

Eingegangen: 17. 11. 1984

Literatur

[1] HARTMEIER, W., BRONN, W. K., DELLWEG, H.: Symposium Technische Mikrobiologie Berlin, 1970. Berichtsband 2. Neuere Erkenntnisse über den Einfluß des Sauerstoffpartialdruckes auf den Stoffwechsel von Mikroorganismen.
[2] STOTTMEISTER, U.: Acta Biotechnol. 5 (1985) 1, 51
[3] STOTTMEISTER, U., BEHRENS, U.: in Vorbereitung.
[4] BEHRENS, U., KLIMA, M., FIEDLER, S.: Z. Allg. Mikrobiol. 20 (1980), 209.

[5] POPOVIC, M., NIEBELSCHÜTZ, H., REUSS, M.: Eur. J. Appl. Microbiol. Biotechnol. 8 (1979), 1.
[6] JORDAN, J., ACKERMANN, E., BERGER, R. L.: J. Am. Chem. Soc. 78 (1956), 2979.
[7] HAYDUK, W., CHENG, S. D.: Chem. Eng. Sci. 26 (1971), 635.
[8] HIKITA, H., ASAI, S., AZUMA, Y.: Can. J. Chem. Eng. 56 (1978), 371.
[9] ADAMS, R. N.: Electrochemistry on solid electrodes, New York: M. Dekker Inc. 1969.
[10] KAKIHANA, M., IKEUCHI, H., SATO, G., TAKUDA, K.: J. Electroanal. Chem. Interfacial Electrochemistry 117 (1981), 201.
[11] KISSINGER, R. T.: Laboratory techniques in electroanalytical chemistry. New York: M. Dekker, Inc, 1982.
[12] DEBUS, D.: Diss. Institut für Fermentation und Brauwesen Berlin, 1981. Rheologisches Verhalten von Fermentationsfluiden.
[13] ASTARITA, MASHELKAR in: PACE, G. W., RIGHELATO, R.: Adv. Biochem. Eng. 15 (1980), 41.
[14] STOTTMEISTER, U.: Abh. Akad. Wissensch. d. DDR, Abt. Mat. Nat. Techn. 36 (1978), 113.
[15] LANDOLT BÖRNSTEIN: Zahlenwerte und Funktionen. 6. Aufl. Berlin, Heidelberg, New York, Tokyo: Springer-Verlag, 1969. II. Bd., 5. Teil. Bandteil a, 661.

Acta Biotechnol. 6 (1986) 1, 76

Book Review

A. Wiseman

Handbook of Enzyme Biotechnology

2nd Edition. Chichester/England: Ellis Horwood Ltd., 1985. 451 S., £ 42.50

Es handelt sich bei dieser Monographie um die erweiterte und den neueren Entwicklungen bzw. Anwendungen auf dem Gebiet der Enzymbiotechnologie Rechnung tragende 2. Auflage des vom gleichen Autor und Verlag 1975 erschienenen „Handbuch der Enzymbiotechnologie", welches seit dieser Zeit als wertvolle Zusammenfassung der Prinzipien, Methoden und Ergebnisse der „industriellen" Gewinnung und Nutzung von Enzymen einen breiten Leserkreis gefunden hat. Dies dürfte auch, das sei schon jetzt vorausgeschickt, auf die vorliegende 2. Auflage dieser Monographie zutreffen. Vom Autor selbst wird in der Einleitung darauf hingewiesen, daß die wichtigste Erweiterung in dieser 2. Auflage die heutzutage sehr verbreitete und daher mit einer „industriellen" Nutzung vergleichbare Anwendung von Enzymen in der klinischen Analyse betrifft.
Im ersten Teil, der sich mit den allgemeinen Prinzipien der Isolierung und Nutzung von Enzymen befaßt, sind folgende Kapitel enthalten: Large-scale Extraktion und Reinigung von Enzymen und anderen Proteinen; Basis der Nutzung löslicher und immobilisierter Enzyme in industriellen Prozessen als Prinzipien der industriellen Enzymologie; Prinzipien der Enzymimmobilisierung; Prinzipien der Anwendung von Enzymen in der klinischen Analyse.
Es werden hierbei besonders die immobilisierten Enzyme (z. T. auch die immobilisierten Zellen) in den Vordergrund gestellt, ganz den gegenwärtigen Trend in der Enzymbiotechnologie widerspiegelnd. Hingegen wurden die in der 1. Auflage enthaltenen Kapitel über die Fermentationstechniken und über die industrielle Nutzung spezieller, im einzelnen aufgeführter Carbohydrasen, Proteasen, anderer Hydrolasen und Oxidoreductasen nicht nochmals in das vorliegende Handbuch einbezogen.
Im zweiten Teil werden die im ersten Teil abgehandelten theoretischen Aspekte der verschiedenen Prinzipien der Isolierung, Reinigung und industriellen bzw. analytischen Nutzung von Enzymen durch praktische Hinweise und Details, Anwendungsbeispiele und Datenmaterial ergänzt bzw. untermauert. Die Literatur, auf die sich der Autor hierbei stützt, stammt in einigen Fällen aus dem Jahr 1984, ist also up-to-date; dies gilt auch für die des ersten Teils des Buches. Wertvoll erscheint dem Rezensenten auch, daß wiederum zahlreiche Patente in die Literaturauswertung mit einbezogen wurden.
Die Kapiteleinteilung ist analog zu der des ersten Teils: Praktische Aspekte der large-scale Proteinreinigung; die Anwendungen der Enzyme in der Industrie; Daten zu Techniken der Enzymimmobilisierung und Bioaffinitätsverfahren; Daten zum Einsatz von Enzymen in der klinischen Analyse. — Das Kapitel über die Anwendungen der Enzyme in der Industrie ist nicht mehr streng nach einzelnen Enzymen untergliedert, sondern mehr nach Anwendungsgebieten.
Die vorliegende 2. Auflage dieses Handbuchs bietet in komprimierter Form eine Fülle von Grundlagen, Informationen und Hinweisen zur Enzymbiotechnologie, die keinesfalls nur für Spezialisten auf diesem Gebiet von Interesse sind, sondern auch Außenstehenden einen guten und raschen Einblick gestatten. Die Anschaffung dieses Buches lohnt sich.

R. Berger

Acta Biotechnol. 6 (1986) 1, 77–87

Experimentelle Untersuchung, Modellierung und optimale Berechnung eines mehrstufigen Säulenfermentors

II. Experimentelle Bestimmung der Parameter und Koeffizienten des mathematischen Modells

KAFAROV, V. V.[1], VINAROV, A. J.[2], GORDEEV, L. S.[1] und SEMENOVA, E. A.[2]

[1] Moskauer chemisch-technologisches D. J. Mendelejew-Institut
125820 Moskau, Miuskaja pl. d. 9, UdSSR
[2] Allunionsinstitut für Biosynthese von Eiweißstoffen,
109004 Moskau, B. Kommunistitscheskaja 27, UdSSR

Summary

Using a system analysis for the investigation of all processes which occur in a biochemical reactor on the micro and macro level, a mathematical model was worked out. It characterizes the model of the kinetics and stoichiometry of the growth of microorganisms and the rules of hydrodynamics and mass transfer in form of blocks. Relating to the discussed mathematical total model [11], experimental data on which the calculation of the model parameters is based are described in this second part of the paper. They were determined not only directly from the cultivation process, but also from experiments with model media.

Entsprechend der dargelegten Grobstruktur des mathematischen Modells eines biochemischen Reaktors (siehe Teil I) wird als untere Hierarchiestufe das kinetische Modell des Wachstums einer Mikroorganismenpopulation beschrieben, das die Gesetzmäßigkeiten des Zellwachstums in einer Population und die Voraussetzungen für die Substratwandlung in den Zellen zusammenfassend charakterisiert.

Es sind viele Modellansätze bekannt, die mit einem unterschiedlichen Grad an Exaktheit die kinetischen Gesetzmäßigkeiten der Prozesse zur Kultivierung von Biomasse und Gewinnung von Sekundärprodukten der mikrobiologischen Synthese beschreiben. Diese werden in den Arbeiten [1–4] im Überblick dargestellt. Am besten gibt das Modell von MONOD-IERUSALIMSKIJ den Einfluß der Konzentration des Substrates und der Stoffwechselprodukte auf die Wachstumsgeschwindigkeit der Zellen wieder [5]:

$$\frac{\mathrm{d}X}{\mathrm{d}t} = \mu_m \frac{S \cdot X}{K_1 + S} \cdot \frac{K_p}{K_p + P} \tag{1}$$

Dabei bedeuten

X	– Mikroorganismenkonzentration	$\left[\frac{\mathrm{g}}{\mathrm{l}}\right]$
S	– Substratkonzentration	$\left[\frac{\mathrm{g}}{\mathrm{l}}\right]$
μ_m	– maximale spezifische Wachstumsgeschwindigkeit der Zellen	$[\mathrm{h}^{-1}]$
K_1, K_p	– kinetische Konstanten	$\left[\frac{\mathrm{g}}{\mathrm{l}}\right]$
P	– Konzentration an Stoffwechselprodukten	$\left[\frac{\mathrm{g}}{\mathrm{l}}\right]$

Das Modell von MONOD-IERUSALIMSKIJ lautet bezogen auf den Prozeß einer kontinuierlichen Kultivierung der Mikroorganismen auf Kohlenwasserstoff-Substraten entsprechend [6] und [7]:

$$\frac{\mathrm{d}X}{\mathrm{d}t} = \mu_m \cdot \frac{S}{K_1 + S} \cdot \frac{K_2}{K_2 + S_0 - S} \cdot X \tag{2}$$

$$\text{mit} \quad K_2 = \frac{K_p \cdot (S_0 - S)}{P}$$

S_0 — Substratanfangskonzentration $\left[\frac{\mathrm{g}}{\mathrm{l}}\right]$

Der Substratverbrauch steht mit den Wachstumsprozessen der Mikroorganismenzellen und mit dem Substrataufwand für den Erhaltungsstoffwechsel der Zellen in einer Population im Zusammenhang:

$$\frac{\mathrm{d}S}{\mathrm{d}t} = -\alpha^S \cdot \frac{\mathrm{d}X}{\mathrm{d}t} = \left(\frac{\mathrm{d}S}{\mathrm{d}t}\right)_W + \left(\frac{\mathrm{d}S}{\mathrm{d}t}\right)_E \tag{3}$$

$$\text{mit} \quad \left(\frac{\mathrm{d}S}{\mathrm{d}t}\right)_W = -\frac{1}{\alpha_W^X} \cdot \frac{\mathrm{d}X}{\mathrm{d}t} \tag{3a}$$

$$\left(\frac{\mathrm{d}S}{\mathrm{d}t}\right)_E = -\frac{1}{\alpha_E^X} \cdot X \tag{3b}$$

Dabei bedeuten

α^S — Substratverbrauchskoeffizient $\left[\frac{\mathrm{g}}{\mathrm{g}}\right]$

$\frac{1}{\alpha_W^X}$ — Verbrauchskoeffizient für Wachstumsprozesse $\left[\frac{\mathrm{g}}{\mathrm{g}}\right]$

$\frac{1}{\alpha_E^X}$ — Verbrauchskoeffizient für den Erhaltungsstoffwechsel $\left[\mathrm{g} \cdot \frac{\mathrm{h}}{\mathrm{g}}\right]$

Ersetzen wir

$\frac{1}{\alpha_W^X}$ durch a_1

und $\frac{1}{\alpha_E^X}$ durch b_1,

erhalten wir unter Berücksichtigung von (3)

$$\frac{\mathrm{d}S}{\mathrm{d}t} = -\left[a_1 \cdot \frac{\mathrm{d}X}{\mathrm{d}t} + b_1 \cdot X\right] \tag{4}$$

Ausgehend von der Gleichung $\mu = \frac{\mathrm{d}X}{\mathrm{d}t} \cdot \frac{1}{X}$

und der Gleichung (3), können wir den Substratverbrauchskoeffizienten wie folgt ableiten:

$$\alpha^S = \frac{1}{\alpha^X} = a_1 + \frac{b_1}{\mu} \tag{5}$$

μ — spezifische Wachstumsgeschwindigkeit $[\mathrm{h}^{-1}]$

Unter Beachtung der Gleichungen (2) und (5) werden die Produktivität und die Ausbeute in einem kontinuierlichen Prozeß zur Kultivierung von Biomasse durch die Beziehungen

$$P^S_{\text{spez.}} = \mu X = \mu_m \cdot \frac{S}{K_1 + S} \cdot \frac{K_2}{K_2 + S_0 - S} \cdot \frac{S_0 - S}{a_1 + \frac{b_1}{D}} \tag{6}$$

und $$Y = \frac{X}{S_0} = \frac{S_0 - S}{\left(a_1 + \frac{b_1}{D}\right)} \cdot S_0 \tag{7}$$

wiedergegeben.

Dabei bedeuten

$P_{\text{spez.}}$	— Produktivität der Biomassebildung	$\left[\frac{\text{kg}}{\text{m}^3 \cdot \text{h}}\right]$
D	— Durchflußrate	$[\text{h}^{-1}]$
Y	— Ausbeutekoeffizient	$\left[\frac{\text{kg}}{\text{kg}}\ \frac{\text{Biomasse}}{\text{Substrat}}\right]$

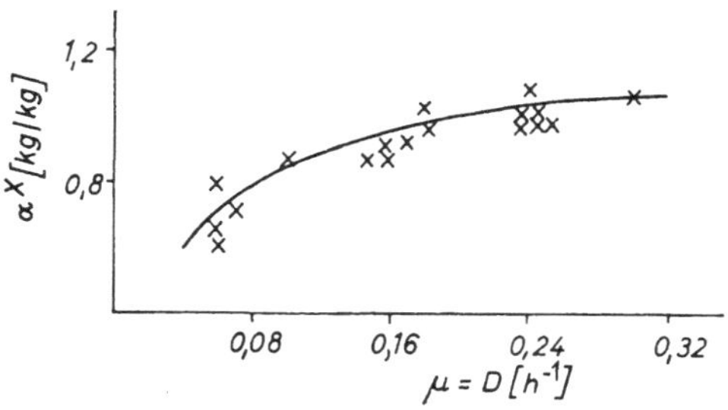

Abb. 1. Abhängigkeit des Ausbeutekoeffizienten $\left(\alpha^X = \frac{1}{\alpha^S}\right)$ von der spezifischen Wachstumsgeschwindigkeit der Hefe auf einem Kohlenwasserstoff-Substrat

Abb. 1 enthält experimentelle Werte über den Einfluß der spezifischen Wachstumsgeschwindigkeit auf den Ausbeutekoeffizienten α^X bei der Kultivierung von Hefen auf einem Kohlenwasserstoffsubstrat. Durch Untersuchungen [7] ist aber festgestellt worden, daß sich bei Einsatz eines n-Alkan-Gemisches mit einer unterschiedlichen Kettenlänge der Kohlenwasserstoffe von C_{11} bis C_{22} die kinetischen Koeffizienten verändern. Ihre Mittelwerte können unter Beachtung der fraktionellen Zusammensetzung des Kohlenwasserstoffsubstrates an Hand nachfolgender Beziehungen bestimmt werden:

$$\bar{\mu}_m = \frac{\sum_i \mu_m{}^i \cdot G_i}{\sum_i G_i} \tag{8a}$$

$$\bar{a} = \frac{\sum_i a^i \cdot G_i}{\sum_i G_i} \tag{8b}$$

G_i — Gehalt der i-ten n-Alkanfraktion im Gemisch

Im folgenden werden die im Ergebnis einer experimentellen Untersuchung [7] ermittelten Zahlenwerte von μ_m^i und a^i für die einzelnen untersuchten Alkanfraktionen angegeben:

a) $C_{11}-C_{12}$ $\mu_m = 0{,}50\ h^{-1}$ $a = 1{,}12\ \frac{kg}{kg}$

b) $C_{13}-C_{15}$ $\mu_m = 0{,}55\ h^{-1}$ $a = 0{,}91\ \frac{kg}{kg}$

c) $C_{15}-C_{17}$ $\mu_m = 0{,}63\ h^{-1}$ $a = 0{,}74\ \frac{kg}{kg}$

d) $C_{18}-C_{20}$ $\mu_m = 0{,}59\ h^{-1}$ $a = 0{,}87\ \frac{kg}{kg}$

Abb. 2 verdeutlicht die Abhängigkeit des Verbrauchskoeffizienten von der Kettenlänge der individuellen n-Alkane, die bei der Kultivierung von Hefen der Gattung *Candida* mit unterschiedlichen Durchflußraten aufgestellt wurde. Die Experimente erfolgten in einem Laborbioreaktor mit einem Volumen von 30 l und einer intensiven mechanischen

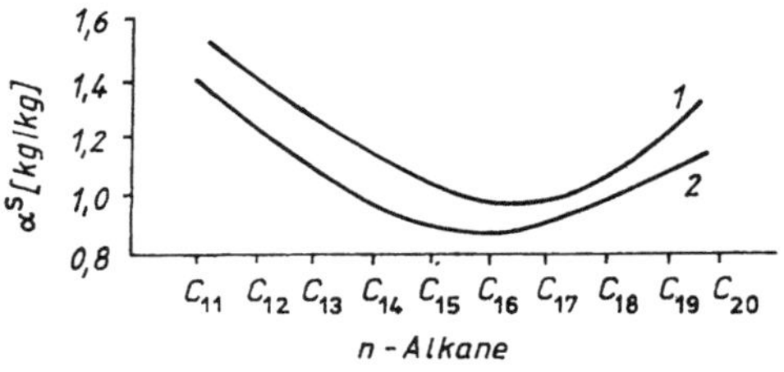

Abb. 2. Einfluß der Kettenlänge der n-Alkane auf den Substratverbrauchskoeffizienten α^s: 1 — $D = 0{,}15\ h^{-1}$; 2 — $D = 0{,}3\ h^{-1}$

Durchmischung und Belüftung des Mediums, wodurch die Voraussetzungen für ein ideales Mischen und somit die Möglichkeiten gegeben waren, kinetische Gesetzmäßigkeiten für den Kultivierungsprozeß von Mikroorganismenzellen aufzufinden. Bei der untersuchten Hefekultur der Gattung *Candida guilliermondii* betrugen die kinetischen Koeffizienten:

$$K_1 = 0{,}4\ \frac{kg}{m^3}; \quad K_2 = 50\ \frac{kg}{m^3};$$

$$b_1 = 0{,}038\ \frac{kg}{kg \cdot h}$$

In Tab. 1 werden experimentelle und berechnete Kennziffern für den kontinuierlichen Kultivierungsprozeß von Hefen angegeben, die aus Substraten gewonnen wurden, welche hinsichtlich ihrer individuellen n-Alkanzusammensetzung Unterschiede aufweisen.
Durch Untersuchungen zum Einfluß der Gelöstsauerstoffkonzentration auf die Prozeßkennziffern bei der Kultivierung von Hefen auf einem Kohlenwasserstoffsubstrat kann auch die Abhängigkeit der kinetischen Koeffizienten von der Sättigungskonzentration des Sauerstoffs aufgeklärt werden.
Die Dynamik der Veränderung der Konzentration des in der Kulturflüssigkeit gelösten Sauerstoffs bei dessen Verbrauch durch die Zellen im batch-Prozeß wird durch Gleichung

Tabelle 1. Experimentelle und an Hand des Modells berechnete Kennziffern für den Prozeß der Kultivierung von Biomasse auf einem Kohlenwasserstoffsubstrat bei einer Durchflußrate von $D = 0{,}2\ \mathrm{h}^{-1}$

Nr.	Charakteristik des Substrats nach Fraktionen [Gehalt an Fraktionen]				S_0 $\left[\frac{\mathrm{kg}}{\mathrm{m}^3}\right]$	Produktivität an Biomasse $\left[\frac{\mathrm{kg}}{\mathrm{m}^3 \cdot \mathrm{h}}\right]$	
	(a)	(b)	(c)	(d)		experimentell	berechnet
1.	3,9	60,3	69,2	12,5	19,3	3,80	3,66
2.	9,3	54,6	65,3	14,0	22,8	4,38	4,31
3.	0,4	23,6	66,4	51,7	25,9	4,90	5,08
4.	36,3	40,8	42,7	16,7	24,6	5,25	5,47
5.	3,9	60,3	69,2	12,5	28,5	5,02	5,32

(9) charakterisiert:

$$\frac{dC_L}{dt} = k_L a[C^*(t) - C_L(t)] - q_{O_2} \tag{9}$$

C_L — Gelöstsauerstoffkonzentration $\left[\frac{\mathrm{g}}{\mathrm{l}}\right]$

$k_L a$ — volumenbezogener Stoffübergangskoeffizient $[\mathrm{h}^{-1}]$

C^* — Sauerstoffsättigungskonzentration $\left[\frac{\mathrm{g}}{\mathrm{l}}\right]$

q_{O_2} — Sauerstoffverbrauchsgeschwindigkeit in einer biochemischen Reaktion $\left[\frac{\mathrm{g}}{\mathrm{l} \cdot \mathrm{h}}\right]$

Der Sauerstoffverbrauch im Prozeß kann unter Berücksichtigung des Zellwachstums und des Sauerstoffaufwandes für den Erhaltungsstoffwechsel folgendermaßen dargestellt werden:

$$q_{O_2} = \alpha^{O_2} \cdot \frac{dX}{dt} = a_2 \cdot \frac{dX}{dt} + b_2 \cdot X \tag{10}$$

Dabei bedeuten

α^{O_2} — Sauerstoffverbrauchskoeffizient $\left[\frac{\mathrm{g}}{\mathrm{g}}\right]$

a_2 — Koeffizient, der den Sauerstoffverbrauch unter Berücksichtigung des Zellwachstums angibt $\left[\frac{\mathrm{g}}{\mathrm{g}}\right]$

b_2 — Koeffizient, der den Sauerstoffverbrauch für den Erhaltungsstoffwechsel angibt $\left[\frac{\mathrm{g}}{\mathrm{g} \cdot \mathrm{h}}\right]$

Abb. 3 veranschaulicht die Veränderung der relativen Gelöstsauerstoffkonzentration bei der batch-Kultivierung von Hefebiomasse auf einem Kohlenwasserstoffsubstrat. In stark verallgemeinerter Form kann man die Art der Abhängigkeit der spezifischen Wachstumsgeschwindigkeit der Zellen von der Gelöstsauerstoffkonzentration wie folgt darstellen [8]:

$$\mu = \mu_m^{O_2} \cdot \frac{\bar{C}_L}{K_3 + \bar{C}_L + \frac{\bar{C}_L^2}{K_4}} \tag{11}$$

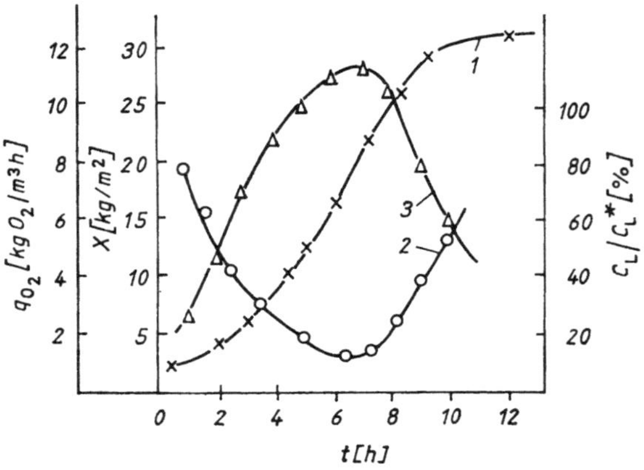

Abb. 3. Charakterisierung der Veränderung der Prozeßparameter während der diskontinuierlichen Kultivierung von Hefebiomasse. 1 — Zellmassekonzentration; 2 — relative Gelöstsauerstoffkonzentration; 3 — Sauerstoffverbrauchsgeschwindigkeit

Korrektur: anstelle X [kg/m²] lies X [kg/m³]

Es bedeuten:

$\bar{C}_L = \frac{C_L}{C^*}$, relative Gelöstsauerstoffkonzentration [—]

K_3, K_4 — kinetische Konstanten

Abb. 4 zeigt eine auf der Grundlage von Experimenten aufgestellte Kurve, die die erwähnte Beziehung für den untersuchten Prozeß charakterisiert. Aus ihr ist ersichtlich, daß bei einer niedrigen relativen Konzentration des in der Kulturflüssigkeit gelösten Sauerstoffs die Wachstumsgeschwindigkeit der Zellen abnimmt, während das Maximum für die Wachstumsgeschwindigkeit im Bereich einer relativen Sauerstoffkonzentration liegt, die 10—25% des entsprechenden Sättigungswertes beträgt.

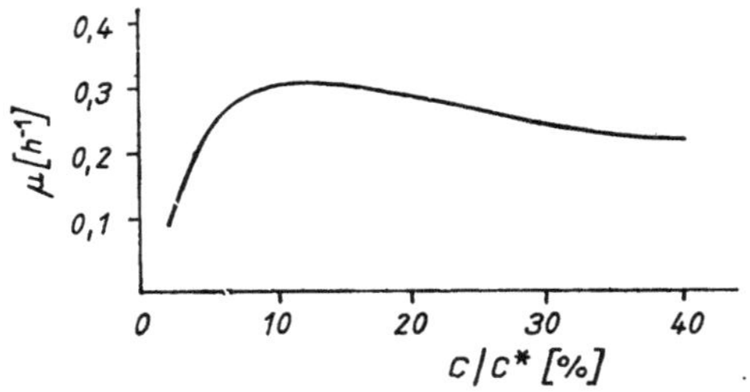

Abb. 4. Einfluß der relativen Gelöstsauerstoffkonzentration auf die spezifische Wachstumsgeschwindigkeit der Hefe

Die Versuche zur Kultivierung von Hefen auf einem Kohlenwasserstoffsubstrat bei einem unterschiedlichen Gelöstsauerstoffniveau wurden in einem computergekoppelten Bioreaktor durchgeführt, der die Einstellung einer vorgegebenen Konzentration des in der Kulturflüssigkeit gelösten Sauerstoffs entsprechend dem Programm ermöglichte.

Die Koeffizienten in den Beziehungen (10) und (11) betrugen:

$$a_2 = 1{,}35\ \frac{\text{kg}}{\text{kg}}; \qquad b_2 = 0{,}13\ \frac{\text{kg}}{\text{kg} \cdot \text{h}};$$

$$K_3 = 0{,}05; \qquad K_4 = 0{,}25$$

$$\mu_m^{O_2} = 0{,}6\ \text{h}^{-1}$$

Von den aufgestellten Beziehungen (10) und (11) ausgehend, kann man die Produktivität an Biomasse in einem Kultivierungsprozeß von Mikroorganismen, der durch den Sauerstofftransport in das Medium limitiert wird, ermitteln. Aus der Gleichung (12)

$$k_L a \cdot [C^* - C_L] = a_2 \cdot D \cdot X + b_2 \cdot X + D \cdot C_L \tag{12}$$

ergibt sich für den kontinuierlichen Prozeß

$$P^{O_2}_{\text{spez.}} = \frac{k_L a \cdot C^* \cdot (1 - \bar{C}_L) - D \cdot C_L}{a_2 + \frac{b_2}{D}} \tag{13}$$

Die festgestellten Merkmale der kinetischen und stöchiometrischen Beziehungen im Kultivierungsprozeß der Mikroorganismen ermöglichen es also, bei der Lösung der Aufgabe einer optimalen Projektierung des Bioreaktors optimale Arbeitskonzentrationen für das Substrat und den Gelöstsauerstoff unter Berücksichtigung der hydrodynamischen Kennziffern und der Stoffübergangsparameter für den Betrieb des Reaktors vorzugeben.

Die experimentellen Untersuchungen zum Stoffübergang und zur Hydrodynamik wurden in Säulenfermentoren, die mittels Lochböden in Kammern unterteilt sind, durchgeführt. Diese Bioreaktoren haben Durchmesser von

$$D_1 = 100\ \text{mm} \quad \text{und} \quad D_2 = 600\ \text{mm}.$$

Der Laborfermentor besteht aus organischem Glas und der Pilotfermentor aus Metall. Die Apparate stellen mehrstufige Säulen dar, wobei sich in jeder Kammer speziell geformte aufgewirbelte Füllkörper aus einem inerten Material befinden. In den Säulen ist eine intensive Gegenstromwirkung von Gas und Flüssigkeit gewährleistet. Die Füllkörper, die eine Mikroturbulenz des Mediums bewirken, unterstützen die Dispergierung der Phasen. Die Struktur der Flüssigkeitsströme resultiert aus der Struktur der Lochböden, aus der Begasungsintensität und aus der Größe des zirkulierenden Stromes des Mediums. In den obenbeschriebenen Säulen wurden zum Hefekultivierungsprozeß hydraulische und technologische Versuche sowie Versuche zum Stoffübergang durchgeführt. Tab. 2 enthält die Hauptarbeitsparameter der untersuchten Säulenfermentoren, die nach Durchführung von Modellversuchen für die diskontinuierliche und kontinuier-

Tabelle 2. Arbeitsparameter der Säulenfermentoren

Nr.	D	H	N_{Kammern}	Φ	W	$\frac{L}{G}$	$\frac{N}{V_A}$
	[mm]	[mm]	[Stück]	[–]	$\left[\frac{\text{cm}}{\text{s}}\right]$	$\left[\frac{\text{kg}}{\text{kg}}\right]$	$\left[\frac{\text{KW}}{\text{m}^3}\right]$
1.	100	300	4–6	0,4–0,65	10–150	2–30	2–12
2.	600	7000	5–6	0,5–0,6	50–90	10–20	4–11

liche Prozeßführung bei der Kultivierung von Hefen der Gattung *Candida* auf einem kohlenstoffhaltigen Substrat verwendet werden konnten.
Bei der kontinuierlichen Prozeßführung der Mikroorganismenkultivierung wurde in den Apparat ein kohlenstoffhaltiges Substrat (flüssige Kohlenwasserstoffe, Ethanol), eine Mineralsalzlösung und Ammoniakwasser dosiert.
In den Versuchen erfolgte die Entnahme der Hefesuspension so, daß die Masse der Kulturflüssigkeit im Apparat konstant blieb. Die Füllkörper sind durch nachfolgende Hauptkennziffern charakterisiert: Porosität der Füllkörperschicht 0,834 $\frac{m^3}{m^3}$, spezifische benetzte Oberfläche 288 $\frac{m^2}{m^3}$, Schüttdichte des Füllkörpers 158 $\frac{kg}{m^3}$.
Wenn der Reaktor im Betrieb ist, sind die Füllkörper gleichmäßig über das Volumen des Gas-Flüssigkeitsmediums verteilt. Es konnten drei charakteristische Arbeitsregime für den Säulenfermentor ermittelt werden:

I — bei einer linearen Gasgeschwindigkeit von $W = 0{,}1 - 0{,}25\ \frac{m}{s}$;

II — bei $W = 0{,}3 - 0{,}9\ \frac{m}{s}$ und III — bei $W = 1{,}0 - 1{,}2\ \frac{m}{s}$.

Die größten Vorteile, die u. a. in einer stabilen Arbeitsweise, einer intensiven Wechselwirkung und Dispergierung der Gasbläschen durch Bewegung der Füllkörperelemente und einer hohen Sauerstofftransportgeschwindigkeit bestanden, wies das Regime II auf.
Die Beziehung (14) dient der Beurteilung des durchschnittlichen „gas hold-up" der aus drei Phasen bestehenden Schicht:

$$\bar{\Phi} = \frac{H_{\text{dyn}} - h_0 - (1 - E) \cdot h_F}{H_{\text{dyn}}} \tag{14}$$

Dabei bedeuten:

E — freies Volumen des Füllkörpers $\left[\frac{m^3}{m^3}\right]$
h_0 — Höhe der unbegasten Flüssigkeitsschicht
h_F — Höhe der Füllkörperschicht

Die Höhe der dynamischen Gas-Flüssigkeitsschicht (H_{dyn}) wurde durch einige Versuche mit Meßskalen bestimmt. Entsprechend Abhängigkeit (15) ergab sich ein Einfluß der linearen Gasgeschwindigkeit auf den Wert für den „gas hold-up"

$$\bar{\Phi} = C_1 \cdot W^{\alpha_1} \tag{15}$$

Die Koeffizienten $C_1 = 0{,}4$ und $\alpha_1 = 0{,}3$ wurden experimentell ermittelt.
Zur Beurteilung der Stoffübergangskennziffern von Säulenfermentoren wurde die Methode der Natriumsulfitoxidation in Gegenwart eines Kupferkatalysators verwendet. Zur Berechnung der k_La-Werte wurde mit einer Gelöstsauerstoffkonzentration $C_L = 0$ gerechnet, da die durch die Membrangeber für Gelöstsauerstoff angezeigten Werte sehr niedrig waren (weniger als 3% der Sättigungskonzentration).
Abb. 5 illustriert die Abhängigkeit des „gas hold-up" und des volumenbezogenen Sauerstoffübergangskoeffizienten von der linearen Gasgeschwindigkeit entsprechend Gleichung (16):

$$k_La^{O_2} = C_2 \cdot W^{\alpha_2}, \tag{16}$$

wobei die Koeffizienten

$C_2 = 1670$; $\alpha_2 = 0{,}34$ betragen.

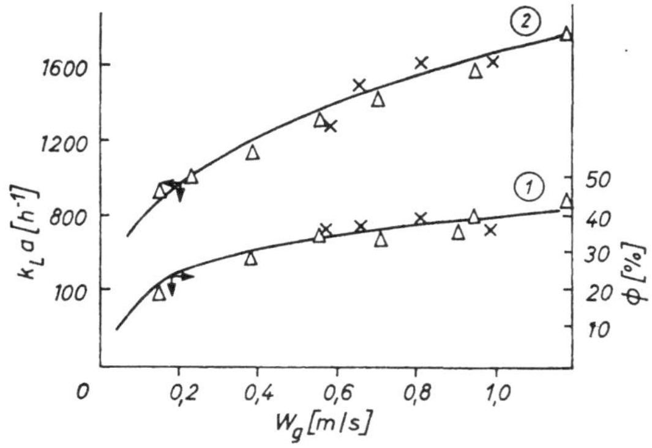

Abb. 5. Einfluß der linearen Gasgeschwindigkeit auf den „gas hold-up" und den volumenbezogenen Sauerstoffübergangskoeffizienten im Säulenfermentor

1 — durchschnittlicher „gas hold-up"
2 — Stoffübergangskoeffizient
Δ — Versuchsergebnisse für eine Säule von $D = 100$ mm;
× — Versuchsergebnisse für eine Säule von $D = 600$ mm

Auch der zirkulierende Flüssigkeitsstrom, der sich im Gegenstromprinzip zum aufsteigenden Gasstrom bewegt, beeinflußt in dem im Betrieb befindlichen Säulenfermentor die Sauerstofftransportgeschwindigkeit. Diese Erscheinung [10] soll durch Gleichung (17) charakterisiert werden:

$$\mathrm{Nu} = C_3 \cdot \mathrm{Re}^{\alpha_3} \cdot \mathrm{Pr}^{0,5} \cdot (1 + f) \qquad (17)$$

In dieser Gleichung bedeuten:

C_3, α_3 — Koeffizienten
Nu — Nusseltzahl
Re — Reynolds-Zahl
Pr — Prantl-Zahl

Eine detaillierte Erläuterung dieser Kennziffern wurde bereits im Teil I dieses Artikels gegeben [11]).
Hierbei erfaßt der Faktor der hydrodynamischen Einwirkung f den Einfluß einer zusätzlichen Vermischung des Mediums infolge des zirkulierenden Stromes auf den Stoffübergang. Im Bereich einer Flüssigkeitsbelastung von $L = 0$ bis $L = 70 \frac{m^3}{m^3\,h}$ wurde folgende Abhängigkeit des Faktors f von der Gas-$[G]$ — und Flüssigkeitsbelastung $[L]$ herausgefunden (Abb. 6):

$$f = C_4 \left(\frac{L}{G}\right)^{\alpha_4} \qquad (18)$$

C_4, α_4 — Koeffizienten.

Unter Berücksichtigung der Beziehungen (16) und (18) sowie der experimentell ermittelten Koeffizienten der Gleichung (17) können wir die nachfolgende Gleichung (19) aufstellen:

$$\mathrm{Nu} = 19 \cdot 10^3 \cdot \mathrm{Re}^{0,34} \cdot \mathrm{Pr}^{0,5} \left[1 - 0,05 \left(\frac{L}{G}\right)^{0,4}\right] \qquad (19)$$

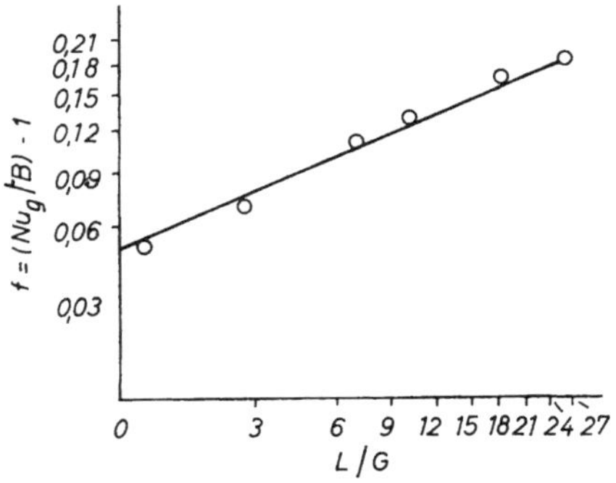

Abb. 6. Abhängigkeit des Faktors der hydrodynamischen Einwirkung vom Verhältnis der Belastungen durch die Flüssigkeits- und Gasphase

Diese Gleichung wird im Gesamtmodell zur Berechnung des Säulenfermentors verwendet, um den Einfluß des Arbeitsregimes der Säule auf deren Stoffübergangskoeffizienten zu erfassen.
Demzufolge ermöglichen die auf der Grundlage von experimentellen Untersuchungen ermittelten Zahlenwerte der Koeffizienten und die Gleichungen für die Beziehungen zwischen den Hauptparametern des Prozesses eine maschinelle Berechnung und Analyse der verschiedenen Situationen bei der Kultivierung von Mikroorganismen in einem Säulenfermentor mit aufgewirbelten Füllkörpern.

Symbole

X	– Mikroorganismenkonzentration	$\left[\frac{g}{l}\right]$
S	– Substratkonzentration (S_0 – Substratanfangskonzentration)	$\left[\frac{g}{l}\right]$
P	– Konzentration an Stoffwechselprodukten	$\left[\frac{g}{l}\right]$
α^S	– Substratverbrauchskoeffizient	$\left[\frac{kg}{kg}\right]$
α^{O_2}	– Sauerstoffverbrauchskoeffizient	$\left[\frac{kg}{kg}\right]$
α^X	– Ausbeutekoeffizient	$\left[\frac{kg\ Biomasse}{kg}\right]$
t	– Zeit	[h]
C_L	– Gelöstsauerstoffkonzentration	$\left[\frac{g}{l}\right]$
C^*	– Sauerstoffsättigungskonzentration	$\left[\frac{g}{l}\right]$
D	– Durchflußrate	$[h^{-1}]$
Φ	– Gas hold-up	[–]
W	– Lineare (auf die Querschnittsfläche der Säule bezogene) Gasgeschwindigkeit	$\left[\frac{m}{s}\right]$
k_La	– Volumenbezogener Stoffübergangskoeffizient	$[h^{-1}]$

$\frac{L}{G}$ – Verhältnis der Belastungen durch die Flüssigkeits- und Gasphase $\left[\frac{kg}{kg}\right]$

$P_{spez.}$ – Biomasseproduktivität $\left[\frac{kg}{m^3 \cdot h}\right]$

Übersetzung aus dem Russischen: D. Fiedler

Eingegangen: 6. 8. 1984

Literatur

[1] VASILEV, N. N., AMBROSOV, V. A., SKLADIEV, A. A.: Modellierung von Prozessen der mikrobiologischen Synthese. 1975. 340.
[2] PEČURKIN, I. S., TERSKOV, I. A.: Analyse der Kinetik des Wachstums und der Evolution von Mikrobenpopulationen. Nowosibirsk, 1975. 215.
[3] KAFAROV, V. V., VINAROV, A. J., GORDEEV, L. S.: Modellierung von biochemischen Reaktoren. Moskau, 1979. 343.
[4] PIRT, S. D.: Grundlagen der Kultivierung von Mikroorganismen und Zellen. Moskau, 1978. 333.
[5] IERUSALIMSKIJ, N. D.: Kontinuierliche Kultivierung von Mikroorganismen, 1960. 140.
[6] NIKOLAEV, P. I., SOKOLOV, D. A.: Prikladnaja biochimija i mikrobiologija **4** (1968) 5, 564.
[7] GARBALINSKIJ, V. A., VINAROV, A. J., VOLOCH, V. J.: Prikladnaja biochimija i mikrobiologija **12** (1976) 6, 850.
[8] ANDREWS, J.: Biotechnol. Bioeng. **10** (1968), 107.
[9] ŠERSTOBITOV, V. V., MICHALENKO, G. G., VINAROV, A. J.: Chimitscheskaja promyschlennost (1980) 7, 49.
[10] KAFAROV, V. V.: Grundlagen des Stoffübergangs. Moskau, 1979, 440.
[11] KAFAROV, V. V., VINAROV, A. J., GORDEEV, L. S., SEMENOVA, E. A.: Acta Biotechnol. **5** (1985) 3 235,

Acta Biotechnol. 6 (1986) 1, 88

Book Review

S. A. Levin and T. G. Hallam

Mathematical Ecology. Vol. 54. **Lecture Notes in Biomathematics Proceedings, Trieste 1982.**

Berlin, Heidelberg, New York, Tokyo: Springer-Verlag, 1984, 514 S., 67,50 DM

Die Hauptvorträge einer Herbstschule für Mathematische Ökologie wurden in diesem Band der "Lecture Notes in Biomathematics" zusammengefaßt. Die Veranstaltung fand am Internationalen Zentrum für Theoretische Physik in Miramare-Trieste (Italien) vom 29. Nov. bis 10. Dez. 1982 statt und wurde von der IAEA und der UNESCO finanziert. Von den Veranstaltern wird unter dem Oberbegriff „Mathematische Ökologie" alles das verstanden, was in einen Wissensbereich eingeordnet werden kann, der von Autökologie (früher Wachstumsmodelle) und Evolutionstheorie bis zur Ökosystem-Wissenschaft, von Untersuchungen an ganz konkretem Datenmaterial bis hin zu sehr theoretischen Arbeiten an den mathematischen Grundlagen reicht. „Mathematische Ökologie" wird also weitgehend synonym zu Biomathematik (ohne Statistik) verstanden.

Die 35 Beiträge wurden sieben Kapiteln zugeordnet. Im ersten wird der einzelne Organismus in seiner Beziehung zur Umwelt beschrieben. Das zweite Kapitel — Populationsbiologie — enthält Vorträge, die Populationswachstum in stochastischer Umgebung, Aspekte demographischer Strukturen und coevolutionäre Beziehungen zwischen den Arten behandeln.

Im Kapitel 3 werden allgemeine theoretische Ansätze zur Theorie der Ökosysteme beschrieben, wobei insbesondere Fragen des Zusammenhangs zwischen Komplexität, Stabilität und Erhaltung einzelner Species diskutiert werden.

Kapitel 4 und 5 sind den wesentlichen Anwendungsgebieten gewidmet: Fischereiwirtschaft und Epidemiologie. Von allgemeinem Interesse — auch für Anwendungen in der technischen Mikrobiologie — sind zum Beispiel die Arbeiten von F. Brauer et al. über optimales Ernten in ökologischen Systemen, die hier auf Probleme der Fischereiwirtschaft angewendet wurden. In den abschließenden Kapiteln 6 und 7 werden Modelle für Diffusionsprozesse und Musterbildungen vorgestellt.

Der Anwendungsbereich biomathematischer Modelle ist häufig größer, als es beim Aufstellen und Untersuchen des Modellansatzes zunächst beabsichtigt wird. Gerade für biotechnologische Probleme sind aus der „Mathematischen Ökologie" häufig Anregungen und Lösungen zu entnehmen, sei es zum Beispiel bei Fragen der Stabilität von Mischpopulationen (Modelle der Co-Evolution) und von Synchronkulturen (Zustandsstrukturierte Modelle).

Die Entwicklung der Biomathematik zeigt einen Trend zur Strukturierung der Modelle und zur Erweiterung des Methodenkatalogs. Insbesondere die Vorbereitung der Anwendung diskreter Mathematik — also nicht ausschließliche Verwendung des Differentialkalküls — zeigt sich am Inhalt dieser „Lecture Notes" (z. B. Nisbt, R. M., Gurney, W. S. G., Ghesson, P. L.).

Wegen des allgemeinen Anwendungsbereiches biomathematischer Modelle sollten Proceedings von vergleichbarer Themenbreite im Hinblick auf biotechnologische Fragen immer aufmerksam verfolgt werden. Das gilt um so mehr, als die zunehmende Anzahl von Publikationen mit hohem theoretischen Niveau zu ökologischen Problemen in der internationalen Fachliteratur einen Nachholebedarf erkennen läßt.

Th. Bley

Acta Biotechnol. 6 (1986) 1, 89–99

Untersuchungen zur Thermostabilität immobilisierter Invertase

MANSFELD, J.[1], SCHELLENBERGER, A.[2]

[1] Zentralinstitut für Genetik und Kulturpflanzenforschung
DDR-4325 Gatersleben, Corrensstraße 3
[2] Martin-Luther-Universität Halle
DDR-4020 Halle, Domplatz 1

Summary

Invertase from baker's yeast (*Saccharomyces cerevisiae*) was covalently bound via glutaraldehyde to a macroporous polystyrene anion-exchanger, silica, and porous glass. The thermal stability of the enzyme-matrix complexes was found to be higher than that of soluble invertase, increasing in the order given above.
The immobilization of invertase to the polystyrene anion-exchanger by benzoquinone and trichlorotriazine provided enzyme derivatives with lower thermal stability compared to the soluble enzyme.
The thermal inactivation of all invertase-matrix complexes is characterized by a biphasic course. The inactivation process is well described by a model of ULBRICH and SCHELLENBERGER [1] which is based on the assumption of two differently stable enzyme fractions each of which being inactivated by a first-order reaction. This model proved to be appropriate also for the description of the thermal inactivation in the presence of substrate.

Einleitung

Eine Erweiterung der Einsatzmöglichkeiten immobilisierter Enzyme in der biochemischen Analytik, Enzymtechnologie, Medizin usw. setzt eine Erhöhung der Stabilität (insbesondere der Thermostabilität) der Enzym-Träger-Komplexe voraus.
Obwohl aus der Literatur viele Untersuchungen zur Thermostabilität von Enzymen bekannt sind, ist bisher eine generelle Voraussage der thermischen Stabilität eines Enzyms bei der Bindung an ein bestimmtes Trägermaterial nicht möglich, da die Effekte, die die Thermostabilität entscheidend beeinflussen, zum einen vom Aufbau des Enzyms, zum anderen von den chemischen und physikalischen Eigenschaften des Trägermaterials sowie der Immobilisierungsmethode abhängen. Die Bindung von Enzymen an eine polymere Matrix kann demzufolge bewirken, daß die Stabilität des Enzym-Träger-Komplexes erhöht oder erniedrigt wird bzw. unbeeinflußt bleibt [2, 3]. Invertase wird z. B. durch die Fixierung an poröses Glas mit Hilfe einer Diazobindung [4] oder durch kovalente Bindung an aminogruppenhaltiges Glas [5] mittels Glutaraldehyd und auch durch ionische Bindung an ein Polystyren-Anionaustauscherharz (Amberlite IRA 94) [5] bzw. DEAE-Cellulose [6, 7] labilisiert, während die ionische Bindung an DEAA-Cellulose [8] oder die Immobilisierung in Nylon-Mikrokapseln [9] die Thermostabilität des Enzyms nicht beeinflußt.

Im Mittelpunkt der vorliegenden Arbeit standen Untersuchungen zur thermischen Stabilität polystyren-gebundener Invertasepräparate. Polystyrene wurden bereits mehrfach zur Immobilisierung von Enzymen verwendet. Durch die hydrophoben Eigenschaften dieser Matrix wurde jedoch vielfach eine Erniedrigung der Stabilität [5, 10, 11] beobachtet. Durch die Verwendung von Polystyrenderivaten mit einer für die Bindung glykosid-spaltender Enzyme optimierten Struktur [12] konnten thermisch stabile, katalytisch sehr aktive Invertase-Polystyren-Komplexe hergestellt werden.
Die Untersuchungen zur thermischen Inaktivierung dieser Enzympräparate zeigten, daß der biphasische Inaktivierungsverlauf, der sowohl in Abwesenheit als auch in Anwesenheit des Substrats beobachtet wird, sehr gut mit einem von ULBRICH und SCHELLENBERGER [1] entwickelten Modell beschrieben werden kann.
Außerdem wurden die Operationsstabilitäten verschiedener Invertase-Träger-Komplexe in Abhängigkeit von der Temperatur und der Substratkonzentration bestimmt.

Material und Methoden

Enzym

Für die Untersuchungen wurde Invertase (β-Fructofuranosidase) E. C. 3.2.1.26 aus Bäckerhefe verwendet, die vom VEB Aromatic Leipzig bezogen und durch Acetonfällung (1 : 1, v/v) gereinigt wurde. Die spezifischen Aktivitäten der acetongefällten Enzympräparate, die unter Standardbedingungen (298 K, pH 5,0 und einer Saccharosekonzentration von 0,146 mol/l) bestimmt wurden, betrugen im Durchschnitt 300 U/mg Protein, wobei 1 U die Freisetzung von 1 μMol Glucose/min katalysiert.

Substrat

Als Substrat für die kinetischen Untersuchungen diente Saccharose (reinst zur Analyse, Fritz LEIDHOLDT Biochemie, Kleinmachnow). Für die kontinuierlichen Reaktorversuche fand handelsüblicher Weißzucker (VEB Zuckerfabrik Halle) Verwendung.

Immobilisierungsmethoden

Mit 10% Divinylbenzen vernetztes Poly(aminomethylstyren) (Wofatit Y 58, Versuchsprodukt des VEB Chemiekombinat Bitterfeld), Aminogruppengehalt 4 mmol/g, häufigster Porenradius 70 nm, Porenvolumen 0,8 cm^3/g, innere Oberfläche 70 m^2/g, verschiedene Partikeldurchmesser, diente als Trägermaterial für die Bindung von Invertase mit Hilfe von Glutataldehyd, Benzochinon und Trichlortriazin.

Polystyren-Q-Invertase

200 mg trockenes Poly(aminomethylstyren) wurden 1 Stunde mit 100 mg Benzochinon in 4 ml Ethanol bei Raumtemperatur gerührt und anschließend 6mal je 10 min mit Methanol, 2mal je 10 min mit Methanol/Wasser (1:1) und 4mal mit Wasser gewaschen. Im Anschluß wurde der aktivierte Träger mit 800 U Invertase in 5 ml SÖRENSEN-Phosphatpuffer pH 7,0 über Nacht bei Raumtemperatur gerührt und danach solange mit 0,025 M Natriumacetatpuffer pH 5,0/1 M NaCl gewaschen, bis im Waschwasser kein Protein mehr nachweisbar war. Der Invertase-Polystyren-Komplex wurde bei 277 K in Wasser aufbewahrt.

Polystyren-G-Invertase

200 mg trockenes Poly(aminomethylstyren) wurden 2 Stunden mit 5 ml einer 2,5%igen Glutaraldehydlösung (Firma Merck) in SÖRENSEN-Phosphatpuffer pH 7,0 gerührt und im Anschluß mit Wasser gewaschen. Zur Kupplung des Enzyms wurde der aktivierte Träger 3 Stunden bzw. über Nacht mit 800 U Invertase in 5 ml SÖRENSEN-Phosphatpuffer pH 7,0 bei Raumtemperatur gerührt und wie oben beschrieben gewaschen und gelagert.

CHO-Polystyren-Invertase

200 mg eines nebeneinander Aldehyd- und Aminogruppen enthaltenden Polystyrenderivates (Versuchsprodukt des VEB Chemiekombinat Bitterfeld) wurden mindestens 4 Stunden bei Raumtemperatur mit 800 U Invertase in 5 ml SÖRENSEN-Phosphatpuffer pH 7,0 gerührt und anschließend wie oben beschrieben gewaschen und gelagert.

Polystyren-T-Invertase

200 mg trockenes (Poly(aminomethylstyren) wurden nach MORIKAWA [13] mit 200 mg 2,4,6-Trichlor-s-triazin in 3 ml Dioxan 20 min bei Raumtemperatur gerührt, 4mal je 5 min mit Dioxan, 5mal mit Wasser gewaschen und wie oben beschrieben mit Enzym beladen und gewaschen.

γ-Aminopropylkieselgel-G-Invertase

Für die Herstellung dieses Enzym-Träger-Komplexes wurde ein makroporöses Kieselgel mit einem Porenvolumen von 0,81 cm^3/g, einem Porendurchmesser von 96 nm und einem Partikeldurchmesser von 0,2—0,4 mm verwendet, das von der Abteilung Technische Chemie der Martin-Luther-Universität Halle zur Verfügung gestellt wurde. Die Umsetzung mit γ-Aminopropyltriethoxysilan erfolgte nach der Methode von LYNN [14]. Die Bindung der Invertase an γ-Aminopropylkieselgel wurde, wie unter Polystyren beschrieben, mit Glutaraldehyd vorgenommen.

Kieselgel-$TiCl_4$-Invertase

Dazu wurden 1 g des oben genannten Trägers in 5 ml destilliertem Wasser bei 277 K suspendiert, portionsweise im Abstand von 5 min mit je 0,1 ml $TiCl_4$ (Gesamtmenge 5 ml) versetzt, intensiv gerührt und mit 0,01 N HCl und Wasser gewaschen. Nach einstündigem Erhitzen des Trägers auf 813 K wurde eine entsprechende Enzymmenge in 0,025 M Natriumacetatpuffer pH 4,5 zugegeben und wie üblich aufgearbeitet.

γ-Aminopropylglas-G-Invertase

Von der Abteilung Technische Chemie der Martin-Luther-Universität Halle wurde poröses Glas mit einem Porendurchmesser von 90 nm und einer Partikelgröße von 0,2—0,4 mm zur Verfügung gestellt, an das analog der Angaben für das Kieselgelderivat Invertase mit Hilfe von Glutaraldehyd gebunden wurde.
Die Enzymbeladung der Trägermaterialien wurde aus der Differenz zwischen zur Kupplung eingesetzter und ausgewaschener Enzymaktivität bestimmt.

Aktivitätsmessungen im Rührreaktor

Für die kinetischen Untersuchungen wurde ein temperierbares, unterhalb des Frittenbodens mit einem Hahn verschließbares Frittengefäß (G-3) verwendet.
Jeweils 30 mg Invertase-Träger-Komplex wurden mit 20 ml 5%iger Saccharoselösung (0,145 M) in 0,025 M Natriumacetatpuffer pH 4,5 bei 277 K 10 min mit einer Rührergeschwindigkeit von ca. 1000 U/min umgesetzt.
Die Aufnahme der Zeit-Umsatz-Kurven zur Bestimmung der Initialgeschwindigkeiten erfolgte in einem Zeitraum von 5—30 min durch Entnahme von jeweils 0,1 ml Probe aus der Inkubationslösung in einem Abstand von 5 min.
Die Bestimmung der bei der Hydrolyse freigesetzten Glucose erfolgte mit Hilfe der Glucoseoxidase-Peroxidase-o-Dianisidin-Methode.

Aktivitätsmessungen im Säulenreaktor

Die Untersuchungen wurden in temperierbaren, mit Invertase-Träger-Komplex gefüllten Säulenreaktoren mit 1 cm Innendurchmesser durchgeführt, durch die die temperierten Substratlösungen entsprechender Konzentration bei einer konstanten Temperatur im Auf- oder Abstromprinzip mit Hilfe einer Peristaltikpumpe der Firma LKB Produkter AB gepumpt wurden.

Nach Einstellung des Stationärzustandes wurde mit Hilfe der Glucoseoxidase-Peroxidase-o-Dianisidin-Methode die Menge der gebildeten Glucose am Säulenausgang bestimmt.
Die Saccharosekonzentration wurde mit Hilfe eines Polarimeters vom VEB Carl Zeiss Jena (Polamat A) bestimmt.

Thermoinaktivierungsversuche

Proben zu jeweils 30 mg immobilisierter Invertase (Feuchteinwaage) wurden in 2 ml 0,025 M Natriumacetatpuffer pH 4,5 bzw. 4,0 suspendiert und verschiedene Zeiten bei einer bestimmten Temperatur inkubiert und danach schnell abgekühlt.
Die Inaktivierung der löslichen Invertase erfolgte in der gleichen Weise bei einem pH-Wert von 5,0 bzw. 4,0.
Die Aktivitätsbestimmung wurde im Rührreaktor bei 277 K mit 20 ml einer 0,145 M, in einigen Fällen mit einer 0,877 M bzw. einer 0,05 M Saccharoselösung vorgenommen. Zur Ausschaltung von Filmdiffusionseinflüssen betrug die Rührergeschwindigkeit mindestens 1000 U/min.

Bestimmung der Operationsstabilitäten

Zur Bestimmung der Operationsstabilitäten wurden temperierbare Säulenreaktoren mit 1 cm Innendurchmesser verwendet, durch die entsprechend der Versuchsbedingungen die Substratlösung, die täglich frisch hergestellt und sterilisiert wurde, im Auf- oder Abstrom mit Hilfe einer Peristaltikpumpe gepumpt wurde.

Ergebnisse

Zur thermischen Inaktivierung immobilisierter Enzyme

Die thermische Stabilität immobilisierter Enzyme, die sich sehr häufig von der des entsprechenden Enzyms in Lösung unterscheidet, beeinflußt entscheidend die Brauchbarkeit von Enzymreaktoren, da die Operationsstabilität die Kosten des Verfahrens in hohem Maße mitbestimmt.
Die Ursachen für eine Inaktivierung immobilisierter Enzymreaktoren können unterschiedlicher Natur sein. Der Aktivitätsverlust kann vor allem durch Temperatureinflüsse, Desorption des gebundenen Enzyms vom Träger, mechanische Zerstörung des Trägermaterials, Verstopfen der Matrixporen durch Verunreinigungen oder unlösliche Teilchen in der Substratlösung, unerwünschtes Wachstum von Mikroorganismen, partielle Löslichkeit des Trägermaterials oder durch pH-Einflüsse herbeigeführt werden.
Als ein mögliches Prinzip für eine Enzymstabilisierung wird die Vielfach-Verknüpfung [15—18] zwischen Protein und Matrix angesehen, bei der die Konformation des gebundenen Proteins sozusagen „eingefroren" wird [1, 16—18]. Dabei können die Bindungen sowohl kovalenter als auch nichtkovalenter Natur sein. Die Abhängigkeit der Enzymstabilität von der Anzahl und der Art kovalenter und nichtkovalenter Enzym-Matrix-Bindungen [1, 16—18] läßt erwarten, daß in einem Enzym-Träger-Komplex unterschiedlich stabile Enzymmoleküle existieren.
Nach Untersuchungen von Ulbrich und Schellenberger [1] kann der Verlauf der thermischen Inaktivierung immobilisierter Enzyme, der im Gegensatz zu den meisten löslichen Enzymen nicht einer 1. Ordnungskinetik entspricht, durch die Annahme von 2 unterschiedlich stabilen Enzymfraktionen auf der Trägeroberfläche interpretiert werden. Beide inaktivieren nach einer 1. Ordnungskinetik mit den Inaktivierungskonstanten k_1 und k_2 entsprechend der Gleichung (1)

$$A_t/A_0 = x_1 \exp(-k_1 t) + (1 - x_1) \exp(-k_2 t) \quad (1)$$

A_t ist die Enzymaktivität nach der Erhitzungszeit t, A_0 die Aktivität bei $t = 0$, k_1 die Geschwindigkeitskonstante der Inaktivierung der labileren Fraktion x_1, k_2 die Inaktivierungskonstante der stabileren Fraktion $(1 - x_1)$.
Die Inaktivierungskonstante k_1 kann dabei der Inaktivierungskonstanten des löslichen Enzyms entsprechen [1].

Charakterisierung der Enzym-Träger-Komplexe

Invertase wurde mit Hilfe von Benzochinon, Glutaraldehyd und Trichlortriazin an ein makroporöses Polystyren-Anionaustauscherharz kovalent gebunden. Die Immobilisierung von Invertase an γ-aminopropylgruppenhaltigem porösen Glas und Kieselgel erfolgte nach Aktivierung mit Glutaraldehyd. Weiterhin wurde $TiCl_4$ zur Bindung an Kieselgel verwendet. Die kinetische Charakterisierung der in der vorliegenden Arbeit beschriebenen Invertase-Polystyren-Komplexe wird in einer gesonderten Publikation vorgenommen.

Thermische Inaktivierung immobilisierter Invertase in Abwesenheit des Substrats

Der biphasische Inaktivierungsverlauf der mit Hilfe von Benzochinon an Polystyren gebundenen Invertase ist gut mit dem von ULBRICH und SCHELLENBERGER [1] vorgeschlagenen Modell beschreibbar. Der Inaktivierungsverlauf der über Benzochinon ge-

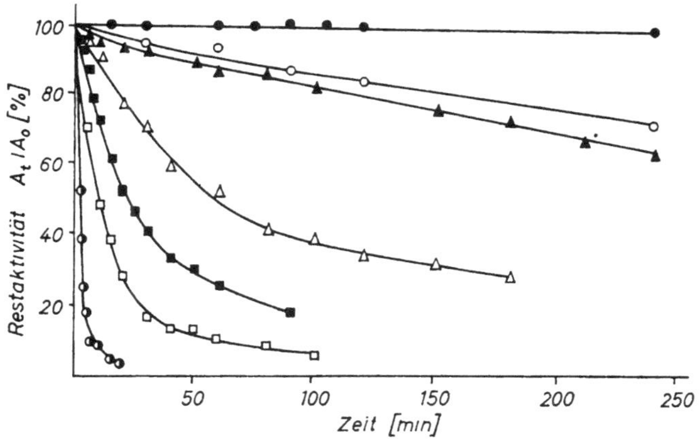

Abb. 1. Thermische Inaktivierung von Polystyren-Q-Invertase bei pH 4,5 und löslicher Invertase bei pH 5,0 bei verschiedenen Temperaturen.
(-○- 323 K, -△- 328 K, -□- 333 K, -◑- 338 K für Polystyren-Q-Invertase; -●- 323 K, -▲- 328 K, -■- 333 K, lösliche Invertase)

bundenen und der löslichen Invertase in Abhängigkeit von der Temperatur ist in Abb. 1 dargestellt. Die in den Tabellen 1 und 2 zusammengestellten Daten zeigen, daß sich die Inaktivierungskonstanten erwartungsgemäß mit steigender Temperatur vergrößern. Parallel dazu verringert sich der Anteil der stabilen Enzymfraktion.
Die Bestimmung der Aktivierungsenergien der Inaktivierung für das lösliche Enzym und den mittels Benzochinon verknüpften Invertase-Polystyren-Komplex beim entsprechenden pH-Optimum (pH 5,0 bzw. 4,5) lieferte stark voneinander abweichende Werte (479,0 kJ/mol bzw. 319,0 kJ/mol). Dagegen wurden bei der Auftragung der für die beiden immobilisierten Enzymfraktionen gefundenen Inaktivierungskonstanten nach ARRHENIUS (k_1 und k_2) im Gegensatz zu anderen Untersuchungen ähnliche Aktivierungsenergien (Abb. 2) erhalten (319 kJ/mol für k_1; 311 kJ/mol für k_2).

Tab. 1. Inaktivierungskonstanten k_1 und k_2 sowie relative Konzentration der labilen Enzymfraktion x_1 von Polystyren-Q-Invertase und Inaktivierungskonstanten k des löslichen Enzyms bei verschiedenen Temperaturen beim jeweiligen pH-Optimum 4,5 bzw. 5,0)

Temperatur [K]	$k_{löslich}$[1]) [min^{-1}]	x_1	k_1[2]) [min^{-1}]	k_2[2]) [min^{-1}]
318	$7{,}677 \cdot 10^{-6}$	0,244	$2{,}748 \cdot 10^{-4}$	$7{,}852 \cdot 10^{-5}$
323	$7{,}273 \cdot 10^{-5}$	0,347	$1{,}382 \cdot 10^{-3}$	$7{,}009 \cdot 10^{-4}$
328	$1{,}985 \cdot 10^{-3}$	0,459	$1{,}119 \cdot 10^{-2}$	$3{,}598 \cdot 10^{-3}$
333	$3{,}084 \cdot 10^{-2}$	0,746	$6{,}378 \cdot 10^{-2}$	$1{,}398 \cdot 10^{-2}$
338	$3{,}267 \cdot 10^{-1}$	0,824	$3{,}401 \cdot 10^{-1}$	$8{,}291 \cdot 10^{-2}$

[1]) bestimmt bei pH 5,0
[2]) bestimmt bei pH 4,5

Tab. 2. Inaktivierungskonstanten k_1 und k_2 sowie relative Konzentration der labilen Enzymfraktion x_1 von Polystyren-Q-Invertase und Inaktivierungskonstanten k des löslichen Enzyms bei verschiedenen Temperaturen bei pH 4,0

Temperatur [K]	$k_{löslich}$ [min^{-1}]	x_1	k_1 [min^{-1}]	k_2 [min^{-1}]
318	$6{,}501 \cdot 10^{-3}$		$9{,}596 \cdot 10^{-4}$	
323	$1{,}279 \cdot 10^{-2}$	0,431	$3{,}290 \cdot 10^{-2}$	$1{,}331 \cdot 10^{-3}$
328	$5{,}630 \cdot 10^{-2}$	0,529	$1{,}235 \cdot 10^{-1}$	$1{,}550 \cdot 10^{-2}$
333	$3{,}158 \cdot 10^{-1}$	0,858	$2{,}880 \cdot 10^{-1}$	$3{,}540 \cdot 10^{-2}$
338	$5{,}340 \cdot 10^{-1}$	0,987	$8{,}890 \cdot 10^{-1}$	$3{,}161 \cdot 10^{-2}$

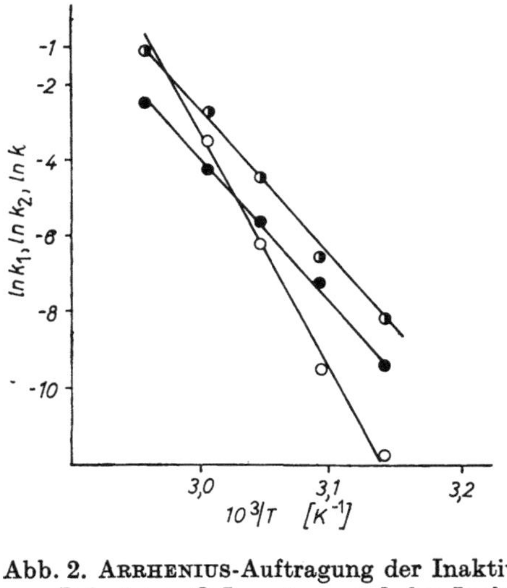

Abb. 2. ARRHENIUS-Auftragung der Inaktivierungskonstanten k_1 (-◑-) und k_2 (-●- von Polystyren-Q-Invertase und der Inaktivierungskonstanten k (-○-) der freien Invertase.
Die k_1, k_2 und k-Werte wurden Tab. 1. entnommen.

Bei der Inaktivierung bei pH 4,0 wurden für die lösliche und die polystyren-gebundene Invertase annähernd übereinstimmende Aktivierungsenergien der Inaktivierung (198,7 bzw. 191,8 kJ/mol) ermittelt. Die beiden Werte sind jedoch nicht direkt vergleichbar, da die Inaktivierung bei einem pH-Wert vorgenommen wurde, der für das lösliche Enzym 1,0 pH-Einheiten und für das immobilisierte Enzym nur 0,5 pH-Einheiten vom pH-Optimum entfernt lag.

Diese Untersuchungen zeigen jedoch, daß der pH-Wert, wie auch von OOSHIMA [5] beschrieben, einen großen Einfluß auf die Thermostabilität besitzt (Tabellen 1 und 2). Die thermische Stabilität ist naturgemäß beim pH-Optimum größer als bei pH 4,0. Eine mögliche Erklärung besteht darin, daß bei einer Erniedrigung des pH-Wertes konformationsstabilisierende, nichtkovalente Wechselwirkungen, wie z. B. Salzbindungen aufgebrochen werden. WOODWARD [19] diskutiert ähnliche Effekte von Salzbindungen bei der Modifizierung von Invertase.

Von Interesse ist ferner, daß die Verteilung zwischen der labilen und der stabilen Fraktion in Abhängigkeit von der Temperatur analog Polystyren-Q-Amylase und SuAP-Kieselgel-Chymotrypsin [1] durch das BOLTZMANN'sche Verteilungsgesetz beschrieben werden kann. Die Energie für den Übergang der stabilen in die labilen Enzymspezies beträgt bei Polystyren-Q-Invertase 54 kJ/mol.

Der Einfluß des Trägermaterials und der Immobilisierungsmethode auf die thermische Stabilität von immobilisierter Invertase geht aus Abb. 3 und Tabelle 3 hervor. Daraus

Tab. 3. Thermische Inaktivierung immobilisierter Invertase bei 338 K, pH 4,5 (Freie Invertase: $k = 3{,}267 \cdot 10^{-1}$ min^{-1})

Trägermaterial	Immobilisierungs-methode	x_1	k_1 [min^{-1}]	k_2 [min^{-1}]
Polystyren	Glutaraldehyd	0,606	$2{,}601 \cdot 10^{-1}$	$7{,}770 \cdot 10^{-2}$
	Benzochinon	0,824	$3{,}401 \cdot 10^{-1}$	$8{,}291 \cdot 10^{-2}$
	Trichlortriazin	0,940	$5{,}922 \cdot 10^{-1}$	$6{,}220 \cdot 10^{-2}$
poröses Glas	Glutaraldehyd	0,589	$1{,}305 \cdot 10^{-1}$	$4{,}220 \cdot 10^{-2}$
Kieselgel	Glutaraldehyd	0,366	$1{,}535 \cdot 10^{-1}$	$6{,}478 \cdot 10^{-2}$
	$TiCl_4$	0,704	$3{,}800 \cdot 10^{-1}$	$1{,}400 \cdot 10^{-1}$

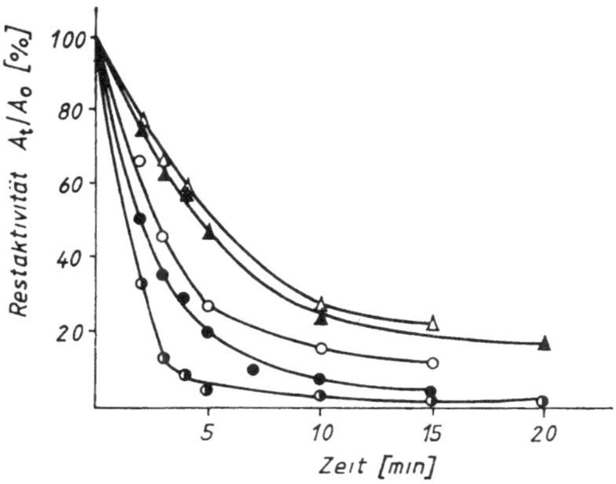

Abb. 3. Thermische Inaktivierung von immobilisierter Invertase bei 338 K, pH 4,5 in Abhängigkeit vom Trägermaterial und von der Immobilisierungsmethode.

(-△- poröses Glas, Glutaraldehyd; -▲- Kieselgel, Glutaraldehyd; -○- Polystyren, Glutaraldehyd; -◑- Polystyren, Trichlortriazin; -●- lösliche Invertase)

ist ersichtlich, daß die Bindung von Invertase an Kieselgel, poröses Glas und Polystyren mit Hilfe von Glutaraldehyd eine Erhöhung der Thermostabilität bewirkt. Die thermische Stabilität steigt in der Reihenfolge Polystyren < Kieselgel < poröses Glas. Die Stabilitätsunterschiede dürften auf die unterschiedlichen physikalischen und chemischen Eigenschaften der Trägermaterialien zurückzuführen sein.
Die Kupplung von Invertase an Polystyren mittels Benzochinon (Abb. 1) sowie die Verwendung von Trichlortriazin (Abb. 3) führen zu einer Verringerung der thermischen Stabilität.
Daß neben der Struktur des Trägermaterials auch die Immobilisierungsmethode eine große Rolle spielt, dürfte darauf zurückzuführen sein, daß bei Verwendung verschiedener Kupplungsmethoden eine unterschiedliche Anzahl kovalenter und/oder nichtkovalenter Bindungen ausgebildet wird.
Eine Beeinträchtigung dieser Befunde durch Filmdiffusionseinflüsse konnte durch die Wahl einer entsprechend großen Rührergeschwindigkeit ausgeschlossen werden. Daß Porendiffusionseffekte bei den Untersuchungen zur Thermostabilität keine Rolle spielen, wurde durch Einsatz verschiedener Substratkonzentrationen (0,05 und 0,877 mol/l) geprüft. Die Konzentration von 0,877 mol/l entspricht ca. dem Achtfachen des $K_{m,app}$ Wertes.
Die Enzymablösung vom Trägermaterial, die zur Ausschaltung weiterer Fehlerquellen geprüft wurde, kann vernachlässigt werden.
Auch die Lagerung der bei verschiedenen Temperaturen inaktivierten Enzymderivate besitzt keinen Einfluß auf die verbliebenen Restaktivitäten. Daraus geht hervor, daß die in Abb. 1 und 3 dargestellten Inaktivierungsprozesse am Träger irreversibel verlaufen.

Thermische Inaktivierung immobilisierter Invertase in Gegenwart des Substrats

Die thermische Inaktivierung von Polystyren-Q-Invertase in einem Festbettreaktor bei verschiedenen Temperaturen in Gegenwart des Substrats (Substratkonzentration 0,5 mol/l, Umsatzgrad zwischen 10 und 20%) ist in Abb. 4 dargestellt. Wie aus Abb. 4 ersichtlich ist, verläuft die Inaktivierung im Säulenreaktor im Gegensatz zum löslichen Enzym und in Übereinstimmung mit der thermischen Inaktivierung in Abwesenheit von Substrat nach einem biphasischen Mechanismus. Der Inaktivierungsverlauf läßt sich ebenfalls mit dem Modell von ULBRICH und SCHELLENBERGER [1] beschreiben. Die

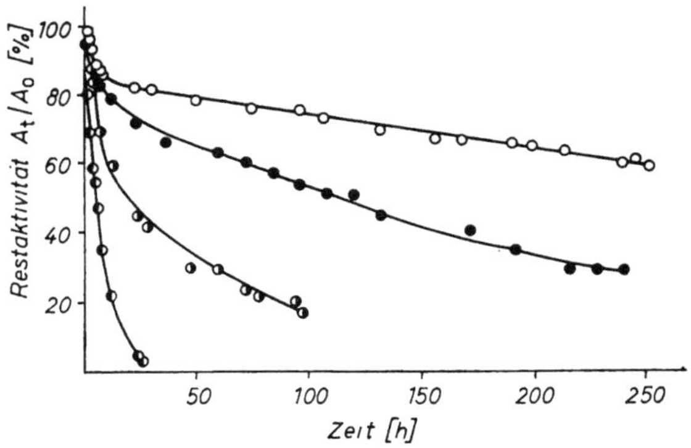

Abb. 4. Thermische Inaktivierung von Polystyren-Q-Invertase bei verschiedenen Temperaturen (-○- 323 K, -●- 333 K, -◑- 338 K, -◐- 343 K) in Gegenwart des Substrates (Substratkonzentration 170 g/l) in einem Festbettreaktor.

Inaktivierungskonstanten sind in Tabelle 4 zusammengestellt. Mit steigender Temperatur vergrößert sich erwartungsgemäß der Anteil der labilen Enzymfraktion. Es zeigt sich, daß das Substrat in Übereinstimmung mit Literaturbefunden [20] eine stabilisierende Wirkung auf das Enzym ausübt.

Tab. 4. Inaktivierungskonstanten k_1 und k_2 sowie relative Konzentration der labilen Enzymfraktion x_1 von Polystyren-Q-Invertase in Gegenwart des Subtrats (Substratkonzentration 0,5 mol/l) bei verschiedenen Temperaturen in einem Festbettreaktor

Temperatur [K]	x_1	k_1 [min^{-1}]	k_2 [min^{-1}]
323	0,139	$2{,}40 \cdot 10^{-3}$	$2{,}373 \cdot 10^{-5}$
333	0,206	$2{,}80 \cdot 10^{-3}$	$6{,}743 \cdot 10^{-5}$
338	0,376	$4{,}61 \cdot 10^{-3}$	$2{,}232 \cdot 10^{-4}$
343			$2{,}232 \cdot 10^{-3}$

Bestimmung der Operationsstabilitäten

Voraussetzung für eine ökonomische Anwendung immobilisierter Enzyme in industriellen Prozessen ist eine hohe Operationsstabilität.
Die Operationsstabilitäten für polystyren-gebundene Invertasepräparate wurden bei verschiedenen Temperaturen und Substratkonzentrationen bestimmt. In Tabelle 5 sind die Halbwertszeiten, die einem Aktivitätsverlust von 50% entsprechen, für einige trägergebundene Invertasederivate unter verschiedenen Reaktionsbedingungen zusammen-

Tab. 5. Operationsstabilitäten verschiedener Invertase-Träger-Komplexe bei verschiedenen Temperaturen und Substratkonzentrationen

Temperatur [K]	Substratkonzentration [g/l]	Operationsdauer [h]	Halbwertszeit (extrapoliert) [h]	Trägertyp
343	500	88	360	Poly(aminomethylstyren[1])
	650	772	1826	
	800	911	3145	
	500	52	2,2	CHO-Polystyren
	800	79	17	
	500	303	786	γ-Aminopropylkieselgel[1])
338	500	243	684	Poly(aminomethylstyren[1])
323	500	347	3611	Poly(aminomethylstyren[1])
323	650	347	186	CHO-Polystyren
313	500	1923	8640	Poly(aminomethylstyren[1])

[1]) Kupplungsreagens Glutaraldehyd

gestellt. In den meisten Fällen wurden die Reaktorstudien bei einer Inaktivierungsrate $< 50\%$ abgebrochen und die Halbwertszeiten näherungsweise unter Annahme eines Gesamtablaufs der thermischen Inaktivierung nach 1. Ordnung berechnet.
Der vergleichsweise schnelle Aktivitätsverlust bei den aldehydgruppenhaltigen Polystyrenderivaten ist auf eine nachweisbare Enzymablösung während des Reaktorbetriebes zurückzuführen, während die Inaktivierung bei den anderen Trägermaterialien im wesentlichen durch die thermische Denaturierung bestimmt wird.
Eine Erhöhung der Substratkonzentration bewirkt eine beträchtliche Thermostabilisierung aufgrund der Substratschutzfunktion der Saccharose. Wie aus Tabelle 5 ersichtlich ist, besitzen Invertase-Kieselgel-Komplexe in Übereinstimmung mit den Versuchen in Abwesenheit von Substrat auch bei hohen Substratkonzentrationen eine höhere Stabilität als Invertase-Polystyren-Komplexe.

Lagerstabilität

Die Polystyren-gebundenen Invertasederivate zeichnen sich durch eine hohe Lagerstabilität aus. So wies z. B. Polystyren-G-Invertase bei einer Lagerung bei 277 K in wasserfeuchtem Zustand nach 20 Wochen die volle Aktivität auf; 4 Wochen bei Raumtemperatur gelagerte Polystyren-Q-Invertase besaß noch 93,7% der ursprünglich vorhandenen Aktivität. Bei einer Aufbewahrung im getrockneten, auch gefriergetrockneten Zustand verlieren die Enzympräparate sehr schnell ihre Aktivität.

Schlußfolgerungen

Die kovalente Bindung von Invertase aus Bäckerhefe an ein makroporöses Polystyren-Anionaustauscherharz, Kieselgel und poröses Glas mit Hilfe von Glutaraldehyd lieferte Enzym-Matrix-Komplexe mit einer gegenüber dem löslichen Enzym erhöhten Thermostabilität, die in der Reihenfolge Polystyren < Kieselgel < Glas zunimmt.
Die Immobilisierung von Invertase an ein Polystyren-Anionaustauscherharz mittels Benzochinon sowie die Verwendung von Trichlortriazin führten zu Enzymderivaten mit einer gegenüber dem löslichen Enzym verringerten Thermostabilität.
Die thermische Inaktivierung bei allen Invertase-Träger-Komplexen ist durch einen biphasischen Verlauf gekennzeichnet, der sich mit dem von ULBRICH und SCHELLENBERGER [1] entwickelten Modell gut beschreiben läßt. Das Modell baut sich auf der Annahme von zwei unterschiedlich stabilen Enzymfraktionen auf, die beide nach einer Reaktion 1. Ordnung inaktiviert werden. Das Verhältnis zwischen der stabilisierten und nichtstabilisierten Enzymfraktion ist ebenso wie die Inaktivierungskonstanten k_1 und k_2 von der Temperatur abhängig.
Mit diesem Modell gelingt sowohl die Beschreibung des Verlaufs der thermischen Inaktivierung in Abwesenheit von Substrat als auch in Anwesenheit des Substrats in einem Festbettreaktor.
Einen großen Einfluß auf die Thermostabilität von Invertase in löslicher und immobilisierter Form besitzt der pH-Wert. Bei einer Erniedrigung des pH-Wertes sinkt die thermische Stabilität, möglicherweise durch Eliminierung der konformationsstabilisierenden Wirkung von Salzbindungen.
Die Invertase-Polystyren-Komplexe zeichnen sich durch eine hohe Operationsstabilität aus, die es gestattet, die beschriebenen polystyren-gebundenen Invertasepräparate zur kontinuierlichen Saccharosehydrolyse in einem größeren Maßstab einzusetzen. Daß die Erhöhung der Substratkonzentration eine beträchtliche Stabilisierung bewirkt, dürfte den Einsatz in industriellen Prozessen weiter begünstigen.

Abkürzungen

Polystyren-Q-Invertase (-Amylase)	= Invertase (Amylase) gebunden an 1,4-benzochinonaktiviertes Poly(aminomethylstyren)
Polystyren (Kieselgel)-G-Invertase	= Invertase gebunden an Glutaraldehyd-aktiviertes Poly-(aminomethylstyren) (γ-Aminopropylkieselgel)
Polystyren-T-Invertase	= Invertase gebunden an 2,4,6-Trichlor-s-triazin-aktiviertes Poly(aminomethylstyren)
SuAP-Kieselgel-Chymotrypsin	= Chymotrypsin gebunden an γ-Succinamidopropylkieselgel
CHO-Polystyren	= aldehydgruppen-haltiges Polystyrenderivat

Dem VEB Chemiekombinat Bitterfeld, insbesondere Herrn Dr. HÄUPKE, sowie der Abteilung Technische Chemie der Martin-Luther-Universität Halle sind wir zu Dank für die Bereitstellung der Trägermaterialien verpflichtet.

Eingegangen: 24. 10. 1984

Literatur

[1] FISCHER, J., ULBRICH, R.. ZIEMANN, R., FLATAU, S., WOLNA, P., SCHLEIFF, M., PLUSCHKE, V., SCHELLENBERGER, A.: J. Solid-Phase Biochem. **5** (1980) 2,79.
[2] GOLDMAN, R., GOLDSTEIN, L., KATCHALSKI, E.: Biochemical Aspects on Solid Supports. Ed.: STARK. New York: Academic Press, S. 1.
[3] MOSBACH, K.: FEBS Lett. Suppl. **62** (1976) E, 80.
[4] MASON, R. D.: Weetall, H. H.: Biotechnol. Bioeng. **14** (1972), 637.
[5] OOSHIMA, H., SAKIMOTO, M., HARANO, Y.: Biotechnol. Bioeng. **22** (1980), 2169.
[6] USAMI, S., NODA, J., GOTO, K.: J. Ferment. Technol. **49** (1971), 598.
[7] SUZUKI, H., OZAWA, Y., MAEDA, H.: Agric. Biol. Chem. **30** (1966), 807.
[8] MAEDA, H., SUZUKI, H.: Biotechnol. Bioeng. **15** (1973), 403.
[9] JOHNSON, D. B., O'CONNOR, M. L., HACKETT, T. J., KIERSTAN, M.: Biochem. Soc. Transact. **7** (1979), 21.
[10] ROYER, G. P., ANDREWS, J. P., UY, R.: Enzyme Technol. Dig. **1** (1973), 99.
[11] BAUM, G.: Biotechnol. Bioeng. **17** (1975), 253.
[12] KAUFMANN, R., HÄUPKE, K., FISCHER, J., SCHELLENBERGER, A.: Acta Polymerica **31** (1980), 739.
[13] MORIKAWA, Y., FUJIMOTO, Y., SAMEJIMA, H.: Agric. Biol. Chem. **40** (1976), 1137.
[14] LYNN, M.: Enzymology **1**. Ed.: H. H. WEETALL. New York: Dekker, 1975, 1.
[15] ROYER, G. P., UY, R.: J. Biol. Chem. **248** (1973), 2627.
[16] KOCH-SCHMIDT, A.-C., MOSBACH, K.: Biochemistry **16** (1977), 2105.
[17] MARTINEK, K., KLIBANOV, A. M., GOLDMACHER, V. S., BEREZIN, I. V.: Biochim. Biophys. Acta **485** (1977), 1.
[18] MARTINEK, K., KLIBANOV, A. M., GOLDMACHER, V. S., TCHERNYSHEVA, A. V., MOZHAEV, V. V., BEREZIN, I. V., GLOTOV, B. O.: Biochim. Biophys. Acta **485** (1977), 13.
[19] WOODWARD, J., WISEMAN, A.: Biochim. Biophys. Acta **527** (1978), 8.
[20] KLYOSOV, A. A., GERASIMAS, V. B.: Biochim. Biophys. Acta **571** (1979), 162.

Acta Biotechnol. 6 (1986) 1, 100

Book Review

A. Fiechter

Microbial Activities
Advances in Biochemical Engineering/Biotechnology

Berlin: Akademie-Verlag, 1984. 191 S., 46 Abb., 46 Tab.

Das Buch enthält 4 Monographien, die den Stand und die Perspektiven der biotechnologischen Forschung auf folgenden Teilgebieten beschreiben:

- Energie- und Stoffbilanzen von mikrobiellen Prozessen,
- Methoden der Wärmemessung an mikrobiellen Prozessen,
- Herstellung von Energieträgern, wie Ethanol und Wasserstoff,
- Anwendung von thermophilen Bakterien und thermostabilen Enzymen als Biokatalysatoren.

Im Vordergrund stehen bioenergetische Betrachtungen, deren Bedeutung für die Biotechnologie in den letzten Jahren rasch gestiegen ist.
Neben den bekannten mikrokalorimetrischen Methoden werden die jüngst entwickelten Methoden der dynamischen und kontinuierlichen Kalorimetrie beschrieben, die zur Wärmemessung direkt im Fermentor sowie der Aufstellung von Energiebilanzen auf der Grundlage der gemessenen Wärmeflüsse vorteilhaft angewendet werden.
Während die ökonomischen Vorteile der Herstellung und der Anwendung von Ethanol als Treibstoff offensichtlich sind, befindet sich die Forschung zur Gewinnung von Wasserstoff mit Hilfe von chemotrophen und phototrophen Mikroorganismen erst am Anfang. Es bleibt abzuwarten, ob Wasserstoff in der Zukunft mit hoher energetischer Effektivität hergestellt werden kann.
Dagegen zeichnen sich deutlich die Perspektiven der Anwendung von thermophilen und extrem thermophilen Mikroorganismen sowie von thermostabilen Enzymen in der Biotechnik ab. Vorteile solcher Biokatalysatoren sind ihre Langzeitstabilität, Unempfindlichkeit gegenüber Lösungsmitteln und Anwendbarkeit bei Temperaturen, die die direkte Nutzung der Prozeßabwärme ermöglichen.
Zur Erhöhung der Effektivität von Verfahren zur Herstellung von thermostabilen Enzymen ist die Gentechnik geeignet. Diesbezügliche Untersuchungen befinden sich jedoch erst am Anfang.
Das Buch ist einem weiten Interessentenkreis, speziell Praktikern zu empfehlen, die sich Kenntnisse über die Bioenergetik und ihre Bedeutung in der Biotechnologie aneignen wollen.

B. Heinritz

Acta Biotechnol. 6 (1986) 1, 101–106

Exogenous Cellulases of Thermophilic Micromycetes
Part I. Selection of Producers

Kvesitadze, G., Kvachadze, L., Aleksidze, T., Chartishvili, D. K.

Academy of Sciences of the Georgian S.S.R.
Institute of Plant Biochemistry
Tbilissi, 380031, U.S.S.R.

Summary

More than 600 micromycetes – representatives of different genera have been investigated for their ability to produce exogenous cellulases. Most of the investigated cultures were found to produce these enzymes, 24 cultures being thermophilic, and 18 thermotolerant. Cellulase or its derivatives proved to be the most favourable carbon source for cellulase secretion. None of the thermophilic cultures studied manifested the ability of exogenous exoglucanase biosynthesis. Using UV-rays as mutagen, a mutant strain *A. terreus* T-49 has been obtained being characterized by an increased endo-glucanase and cellobiase activity, as compared to the initial strains. The cellulase preparations of thermophilic micromycetes contain one cellulasic component: endo-glucanase, or two: endo-glucanase and cellobiase.

Introduction

Due to the rapid growth of population on earth and the problems creating, bioconversion of lignocellulosic materials into foodstuffs and feed products as well as into liquid fuel has attracted increased attention.
Enzymatic hydrolysis of cellulase to glucose plays a major role in the solution of the problem, depending largely on the availability of high-active cellulase producers. However, apart from high activity, enzymatic preparations of cellulases should possess a number of properties, high heat stability, good sorption properties on substrate, stability to the products of hydrolysis, ability to effect deep substrate hydrolysis etc.
Micromycetes leave the most favourable impression as producers of such a complex of enzymes. Numerous investigations devoted to the study of cellulases of this group of microorganisms have shown that representatives of the genera *Trichoderma*, *Aspergillus*, *Penicillium*, *Geotrichum*, *Fusarium*, *Sporotrichum* and many others produce a spectrum of extracellular cellulases.
Microorganisms of other taxonomic groups also have the ability to synthesize cellulases [1, 6]. Taking into account the advantageous ability of higher fungi to synthesize all known forms of cellulases, the present study was undertaken with a view to determining the ability of thermophilic micromycetes to synthesize extracellular cellulases, ascertaining the highest temperature limits of cellulase synthesis by thermophilic fungi, and feasibility of increasing the activity of cellulases of the initial strains by familiar methods used in the selection of micromycetes.

Materials and Methods

With a view to identifying cellulase producers, over 600 cultures of micromycetes belonging to the genera *Mucor, Rhizopus, Aspergillus, Penicillium, Trichoderma, Alternaria, Helminthosporium, Fusarium, Allescheria, Malbranchea* and *Sporotrichum* have been studied. Most of the cultures were isolated from various soil and climatic zones of Eastern and Western Georgia, U.S.S.R.

The suspension of fungus conidia was cultivated in a CZAPEK's modified liquid nutrient medium of the following composition (%): hay 2, $NaNO_3$ 0.3, KH_2PO_4 0.2, $MgSO_4$ 0.05, maize extract 1,5, pH medium 4.5.
The cultures of fungi were grown in deep conditions at 30, 40, 50 °C in 750 ml Erlenmeyer flasks on a shaker with 180—200 r.p.m. and on "New Brunswick" 30 liter fermenters. A 10-day conidium suspension, grown on CZAPEK's medium, was used as the cultivation material. After cultivation, the biomass of fungi was separated and endo-glucanase, cellobiase and filter paper activities were determined in the filtrates.
Endo-glucanase activity was estimated by the action of the enzyme towards CMC in the following way: 2 ml of 1.5% substrate solution in 0.05 M acetate buffer (pH 4.7) and 1 ml culture filtrate were incubated for 30 min at 60 °C. The amount of enzyme forming 1 μM reducing sugars at 1% substrate concentration per minute was taken as the unit of activity. The amount of reducing sugars was determined by the SOMOGYI-NELSON technique [7, 8].
Cellobiase activity was determined as follows: 0.2 ml of 2×10^{-2} M cellobiase, 1.6 ml of 0.05 M acetate buffer (pH 4.7) and 0.2 ml solution of the culture liquid were incubated for 10 min at 55 °C. The amount of enzyme forming 2 μM glucose under the indicated conditions was taken as the unit of cellobiase activity. Glucose was determined by the glucose oxidase technique [9].
The filter paper activity was estimated in the following way: 50 mg of Whatman N1 (1×6 cm) filter paper in 1 mg of 0.5 M acetate buffer (pH 4.7) and 1 ml culture liquid weie incubated for an hour at 55 °C. The amount of enzyme forming 1 μM of reducing sugars per minute was taken as the unit of activity. The amount of reducing sugars was determined by the SOMOGYI-NELSON technique [7, 8].
The natural variability of the cultures was investigated by monospore cultivation of populations. The colonies were studied culturally and morphologically. All morphologically altered and most of the unchanged cultures were investigated for their ability to produce cellulases.
Pretreatment with UV rays was carried out in the following way: a conidium suspension of a 5 day culture colony, 1 ml of which contained about 2×10^6 conidia, was placed in a PETRI dish. Irradiation was carried out with the aid of BUV-15 UV lamps. Then the suspension was transferred to CZAPEK's medium in PETRI dishes. The growing lasted for 15 days at 40 °C. Then the survival of the conidia was estimated by counting the number of the grown colonies and their morphology was studied. All the morphologically altered and most of the unchanged colonies were tested for their cellulase activity.

Results and Discussion

The selection of microorganisms is based on their variability observable in a number of characteristics. The morphological variability, quantitative and qualitative composition of the metabolites formed are mainly used in applied microbiology. The study of the variability of microorganisms with regard to the formation of biologically active compounds is basic in the selection of microorganisms. Most of the cultures of micromycetes of the present study were found to be characterized by the ability to synthesize cellulase at the temperature of 25—35 °C, i. e. under the growth conditions of mesophilic organisms.
Cellulases formed under these conditions successfully effect substrate hydrolysis over a long period of time at around 50 °C. At higher temperatures they lose their activity rather rapidly and irreversibly. At the same time, heat stability of cellulases is one of

the main factors determining the efficiency of their application, as the sterility of the process at higher temperatures rises, and consequently the glucose yield also increases. Hence, the enhanced interest in thermophiles capable of synthesizing cellulases with heightened heat stability.

The studies we carried out on the basis of the available micromycetes have enabled us to form a collection of higher thermophilic fungi, among which 24 are thermophiles, including 18 thermotolerant species. The most active cellulase representatives of these cultures are given in Table 1.

The cultivation of culture-producers was carried out in the temperature range 40—50 °C. As is seen from this table the specific affinity of the producers of cellulases is rather varied. Evidently this accounts for the fact that the cellulases formed by them differ substantially in their activities.

Table 1. Cellulase activities of deep culture filtrates of thermophilic mirco mycetes

No.	strain	Activity [unit/ml]		
		CMC	Cellobiase	filter paper
1	*Aspergillus terreus* 17p	3.60	0.20	0.30
2.	*Aspergillus versicolor*	2.0	0.6	2.3
3.	*Aspergillus wentii*	1.40	0.4	1.8
4.	*Sporotrichum pulverulentum*	2.90	—	0.3
5.	*Sporotrichum thermophile*	0.35	—	—
6.	*Allescheria terrestris*	1.80	0.13	0.31
7.	*Allescheria* sp. 62061	1.13	0.1	0.68
8.	*Allescheria* sp. 62243	1.6	—	0.125
9.	*Chaetonium* sp.	0.75	0.054	—
10.	*Malbranchea* sp. 001	1.05	0.05	0.2

From the physiological point of view of micromycetes an important conclusion of this part of the work is the establishment of the fact that thermophilic representatives of micromycetes grow on a medium containing cellulase and that they synthesize cellulases at temperatures up to 50 °C. At higher temperatures (55—60 °C), these cultures grow well on such an easier assimilable carbon source as glucose; however, if cellulose is the only carbon source, there is practically no growth.

As has been repeatedly demonstrated [10, 11], cellulase biosynthesis in higher fungi is controlled by the repressor-inducer mechanism.

Despite an abundant growth of producers, no cellulase activity in deep cultures of fungi was observed when the carbon source, i. e. cellulose, was replaced by some other carbon source containing α-type bonds, e.g. sucrose, glucose, maltose, oligodextrins or starch. Consequently, glucose or some other type of easier assimilable sugar cannot be used as a carbon source for cellulase synthesis by thermophilic micromycetes. Cellulose or its derivatives should be considered as most suitable for this purpose. In this respect a complete analogy should be noted between mesophilic and thermophilic fungi.

No extracellular exo-glucanases were found in any of the investigated cultures. On the whole, judging by the result, it can be assumed that extracellular enzymatic preparations of cellulases, obtained from thermotolerant cultures, contain one cellulase component: endo-glucanase or two: endo-glucanase and cellobiase. Two cases are possible here: either cellulase secretion at high temperatures markedly decreases, which is reflected in the absence of exo-glucosidase in thermophilic cultures, or the realization of genetic

information in thermophilic micromycetes is partially limited and at high temperatures the organism synthesizes only those forms of cellulases which are absolutely necessary for converting the cellulose substrate into assimilable products. At the same time, it cannot be ruled out that endo-glucanases of the strains under study have varying substrate specificity and can yield different endo-products of cellulose hydrolysis.
The strain *Aspergillus terreus* 17p, possessing the highest endo-glucanase activity in comparison with other strains, was chosen for further selection work.
As the result of a study of the natural variability of *A. terreus* 17p, seven cultural-morphological variants with differing ability to synthesize cellulase were selected. On the basis of experiments, the most active variant, distinguished for an increased activity of cellulases as compared to the initial culture, was singled out.
Further, in order to obtain a more active cellulase producer strain, UV-rays were used as a mutagen. Irradiation of the culture of *A. terreus* 17p with various doses of UV rays showed that the minimal irradiation dose of 320 J/m² kills only 10% of conidia, while that of 12800 J/m² proved to be lethal for the majority of cells (Tab. 2). The interdependence of the percentage of survival of cultures, the frequency of morphological mutations, and the active variants for endo-glucanase and cellobiase activity is shown in Table 3.

Table 2. Effect of UV-rays on the survival of conidium of *Aspergillus terreus* 17p

Irradiation [J/m²]	Survival [%]
320	90
640	79.9
3200	47.8
6400	30.3
9600	25.0
12800	20.0

In all, 151 cultures isolated from individual colonies after UV irradiation of the initial culture of *A. terreus* 17p were studied. The cultural-morphological characteristics were found to be altered in 15 cultures. Among the latter, one asporogenous culture with increased ability to synthesize cellulases, attracted attention, for it produced more cellobiase in comparison with the initial culture. However, in the next generation the strain lost this property. 116 cultures of the morphologically unchanged colonies were studied for their ability to produce cellulases. Among them 80 cultures had low CMC activity, 27 cultures preserved the same activity, and the activity of 9 cultures was increased. The cellobiase activity in comparison with the initial culture was also changed in more than 100 variants, being enchanced in 75 cases.
As a result of UV ray irradiation, the majority of strains characterized by an increased cellobiase or endo-glucanase activity were found to lose this ability in several generations. Among the few variants with stable acquired genetic properties characterized by an increased ability to produce cellulases, the most interesting was a mutant obtained by a 6400 J/m² dose of irradiation, its CMC activity amounting to 10.5 unit/ml, and cellobiase activity to 0.4—0.5 unit/ml. Within two years of observation over more than 50 generations, this culture did not lose its ability to induce enhanced cellulase activities in comparison with the initial culture (Tab. 4). The mutant was named *A. terreus* T-49.
Thus, the selection of thermophilic higher fungi — producers of cellulases — allowed to shed light on some important characteristics of their synthesis, which can be summari-

Table 3. Cellulase biosynthesis by morphologically unchanged and changed colonies of *A. terreus* 17p obtained after irradiation by different dosage of UV-rays

irradiation [J/m²]	number of colonies studied	morphology of colony	number of cultures studied	number of cultures									
				activity towards CMC [unit/ml]						cellobiase activities [unit/ml]			
				traces	1.0–2.0	2.0–3.0	3.0–4.0	4.0–5.0	5.0–7.0	traces	0.2–0.3	0.3–0.4	0.4–0.5
320	17	changed	16	–	6	4	6	–	–	–	3	12	1
		unchanged	1	–	1	–	–	–	–	–	1	–	–
640	22	changed	21	1	7	9	1	2	1	–	–	21	–
		unchanged	1	1	–	–	–	–	–	–	–	1	–
3200	24	changed	20	1	8	5	5	1	–	–	9	8	3
		unchanged	4	–	1	–	3	–	–	–	1	2	1
6400	32	changed	24	–	4	10	6	2	2	1	16	4	3
		unchanged	8	–	3	1	4	–	–	–	3	5	–
9600	16	changed	15	–	3	6	5	–	1	–	4	8	3
		unchanged	1	–	–	1	–	–	–	–	–	1	–
12800	20	changed	20	–	1	15	4	–	–	–	8	11	1
		unchanged	–	–	–	–	–	–	–	–	–	–	–
control	20	changed	20	–	–	–	20	–	–	–	20	–	–
		unchanged	–	–	–	–	–	–	–	–	–	–	–

Table 4. *Aspergillus terreus* 17 p and *Aspergillus terreus* T-49 cellulase activities of culture filtrates

strain	CMC activity [unit/ml]	cellobiase activity [unit/ml]	filter paper activity [unit/ml]
1. *A. terreus* 17p	3.68	0.20	0.21
2. *A. terreus* T-49	10.13	0.40	0.33

zed as follows: some representatives of higher fungi have the ability to synthesize cellulase at temperature conditions of growth ranging from 40 to 50 °C; the maximum growing temperature for higher fungi, when cellulose or its derivatives is the only carbon source, is 50—52 °C, while at higher temperatures cellulose is unassimilable for higher fungi; at high temperature cultivation (40—50 °C) higher fungi form only two cellulase components: endo-glucanase and cellobiase; the cellulase activity of higher fungi thermophiles can be increased by treating the cultures with UV rays, analogously to mesophiles — producers of different hydrolytic enzymes, in particular, cellulases.

Received May 18, 1984

References

[1] PFEINHEIMER, G.: Mikrobiologie der Gewässer. Jena: G. Fischer Verlag, 1971, 212.
[2] TAKAICHI, O., NOBUMASD, Y., TAMIO, M.: Process for preparation of cellulase. US-PS N 3983002 (1976).
[3] FENIKSOVA, R. V.: Enzymatic hydrolysis of micromycetes and their variability in agriculture. Bakhovskie Chteniya, Moscow 1972, 27—36.
[4] DENNIS, C.: J. Gen. Microbiol. **76** (1972) 2, 409.
[5] GRACHEVA, I. M., VAGANOVA, M. C., SALOVAROVA, V. P.: Mikrobiologiya **47** (1978) 2, 226.
[6] STEVENS, B. J. H., PAYNE, J.: J. Gen. Microbiol. **100** (1977) 2, 381.
[7] SOMOGYI, M.: J. Biol. Chem. **195** (1952), 19.
[8] NELSON, H.: J. Biol. Chem. **153** (1944), 375.
[9] SHCHERBUKHINA, V. D., MIRONOVA, L. I., KONGIREVA, D. V., GRUNER, V. S.: Prokl. Biokhim. Mikrobiol. **6** (1970), 467.
[10] REESE, R. T., MAGUIRE, A.: Appl. Microbiol **17** (1969), 242.
[11] MANDELS, M., STRENGBERG, D., ANDREOTTI, R. S. — In: Symposium on Enzymatic Hydrolysis of Cellulose. Anklank, Finland, March 12—14, 1975. Sitra, Helsinki 1975. 81.

Acta Biotechnologica

Volume 6 | 1986 | Number 1

Contents

Acta Biotechnologica is indexed in Current Contents/ET & AT; Chemical Abstracts; Biotechnology Abstracts; Excerpta Medica

Bei Fragen zur Produktsicherheit wenden Sie sich bitte an:
If you have any questions regarding product safety,
please contact:

Walter de Gruyter GmbH
Genthiner Straße 13
10785 Berlin
productsafety@degruyterbrill.com